U0047886

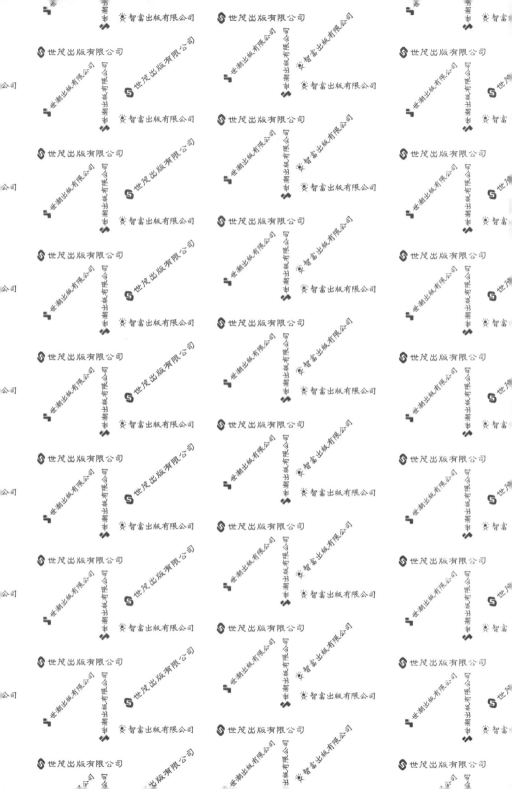

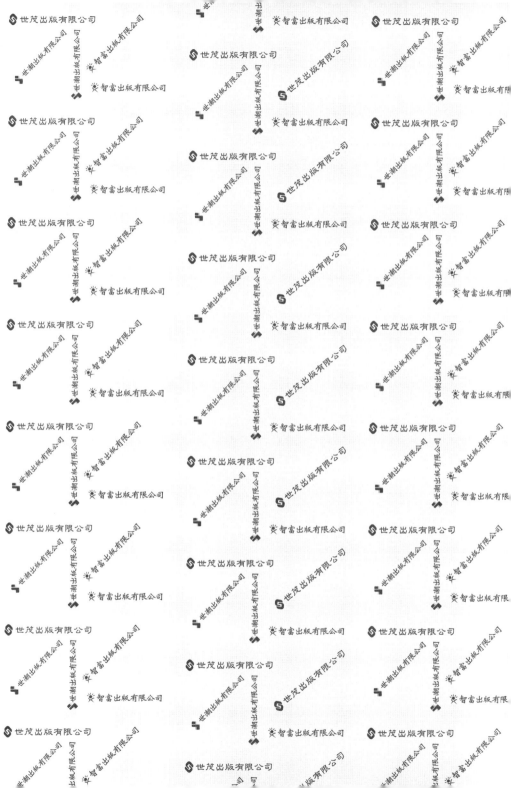

3小時讀通

基礎數學

根上生也 著

謝仲其 譯

※本書原名《數學，一教就懂》，現易名為
《3 小時讀通基礎數學》

前言

　　從前，我曾經當過一陣子的「數學偵探生也」，這是在日本富士電視台的教育節目〈卡洽卡洽碰〉中出現的角色。該節目是鎖定中學生的幼教節目，從 2005 年 4 月起播了 1 年，其中「生也」出現的時期是從 4 月起到 9 月之間，一共半年。

　　不過，每集「生也」單元的時間只有 2 分 30 秒。在那麼短的時間內，我必須設定一個趣味的情境，在其中找出數學的問題，然後將它解決。而且我不能像一般數學老師那樣，在黑板上寫一堆算式、做做計算來得出解答。要是我真的那樣做，觀眾大概都會馬上轉台了吧。

　　因此，我不能寫出複雜的算式，必須編出所有人都能一看就懂的解法，為此我絞盡了腦汁。

　　但是，這對我而言一點也不辛苦，因為早在節目開播之前，我就一直提倡，希望大家能重新以「一看就懂」的概念來看待數學。

　　世上有許多人都認為自己對數學並不在行，但這些人只是對學校教的數學感到挫折，只是無法在考試中拿到高分而已。其實，每個人都具備數學的能力。

　　實際上，小孩子的行動就是非常數學性的；他們會數

玩具或糖果的個數、會用積木或樂高組合出各式各樣的形狀，對媽媽生氣時也會講出連大人都不一定明白的道理。小孩子不但懂得計算的意義，又能夠組成圖形，還能作邏輯性思考。然而，若是把這些東西用學校教的算術・數學的方式來傳授的話，一定會有些小孩能理解，有些小孩無法理解。

那麼，如果我們不要管學校教的算術・數學的規定與做法，直接以人類天生就有的數學能力來接觸數學的話，結果會如何呢？我就是基於這種想法，開始了各式各樣的推廣活動，「數學偵探生也」也是這些活動的一環。

簡單來說，我想做的就是不要使用算式，而用繪圖、簡單的計算，確實地用講述的方式來讓人明瞭。我希望讓大家能知道，的確有一種數學可以用這種方式來理解，這種數學能讓以往看到數學就卻步的人也能快樂學習。這本書就收錄了這樣的數學。

本書中也有一些會出現在數學課本上的公式，但是解法會跟學校所教的完全不同。另外，有些問題乍看之下好像是計算題，但是我會教你不須計算、一看就能解出來的方法。

還有許多題目是學校學不到的新鮮問題，因此其中有些題目就算是自覺數學不錯的人也不一定會解。遇到這種情況時請不要擔心，看看我寫的解法，然後好好感受一下這些解法的高明之處。如果你覺得某一題你會解，就不看解法直接跳到下一個問題的話，那就太可惜嘍。

我相信你看完我所提出的解法後，一定會想教教別人吧。這些解法不須拼命背誦公式，也不須做複雜的計算。

但它們的原理並不簡單，是有深度的。即使如此，又有許多部分是你可以在便條紙上畫畫圖、輕輕鬆鬆地作出說明的。

這就是「讓你忍不住想教別人的數學」。

接著，我想在此向竭力完成本書的所有人表達誠摯的謝意。雖然時間很緊湊，但我們還是完成了這麼一本插圖豐富的精緻小書。十分感謝大家。

根上生也

CONTENTS

CONTENTS

第**1**章

各種求和公式

只要仔細思考　　　　　一定會靈光乍現

求和公式是依據某種規則，來表示如何將一串數字加總起來的公式。這些基本公式有許多我們在高中時都學過，但你真的看得懂數學課本所寫的說明嗎？

　　在此，我要以完全不同於數學老師的角度來說明求和公式。相信你看完之後，一定會覺得，「要是早用這種方式說明的話我就懂了……」裡面也有些部分需要花點腦筋，但你學過以後一定會忍不住想馬上教別人唷。

將連續的 10 個數加總起來

　　將 13 到 22 的連續 10 個數字加起來，總和是多少？當然，如果只是要算出答案的話還算容易。但實際上，有個祕訣能讓你瞬間求出連續 10 個數的總和。請藉由以下的例子，找出這個祕訣來。

$$13+14+15+16+17+18+19+20+21+22＝175$$

$$16+17+18+19+20+21+22+23+24+25＝205$$

$$27+28+29+30+31+32+33+34+35+36＝315$$

$$45+46+47+48+49+50+51+52+53+54＝495$$

$$78+79+80+81+82+83+84+85+86+87＝825$$

從上一頁的例題你看出什麼了嗎？我想你一定也注意到了，那就是「每一題答案的個位數都是 5」。

　　在此，我們把這些加法的答案都去掉個位數的 5 看看，剩下的數字會出現在等式左邊的某處唷。

13＋14＋15＋16＋17＋18＋19＋20＋21＋22＝175

16＋17＋18＋19＋20＋21＋22＋23＋24＋25＝205

27＋28＋29＋30＋31＋32＋33＋34＋35＋36＝315

45＋46＋47＋48＋49＋50＋51＋52＋53＋54＝495

78＋79＋80＋81＋82＋83＋84＋85＋86＋87＝825

OK 的啦～

這兩個部分的數字相同唷！

　　只要你仔細觀察等號前面的式子，就會發現一件有趣的事。那就是，每個式子右邊的答案去掉個位數 5 之後所得的數字，都會和左邊算起的第五個數字相同。反過來說就是，只要把第五個數字加上一個 5，就等於這 10 個數相加的結果了。為什麼會這樣呢？

　　原因只要這樣想就很簡單了。首先，我們先將 10 個數全部加起來再除以 10 吧。這個值就是這十個數字的平均值。連小學生都知道，平均值是指正中央的數值。而 10 個數字依序排列時，正中央的值就在左邊算過來第五個數與第六個數之間，這是一目了然的事。比方說，從 13 加到 22 的 10 個數字，平均值就在 17 與 18 之間，也就是 17.5。所以把它乘以 10 倍的話，就是原本 10 個數字的總和了。

5 是關鍵唷！

從 1 加到 1000

　　從 1 加到 10 是 55，從 1 加到 100 是 5050，這些你應該都知道了吧。那麼從 1 加到 1000、從 1 加到 10000，像這樣將累加範圍越加越大後，答案是多少？

　　請參考以下的圖來思考這個問題的答案。

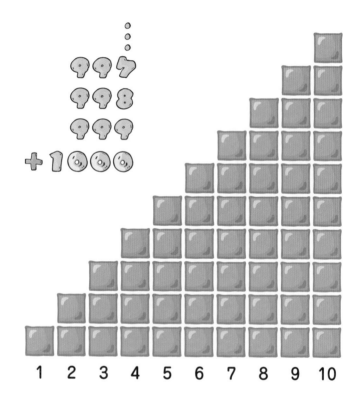

第 2 題　　　　　　　　　提　示

 思考平均值

用第 1 題的思考方式，求出從 1 加到 10 的平均值，也就是數列 1 到 10 的平均值吧。其平均值就是正中央的值，也就是 5.5。將它乘以 10 倍，答案就是 55。

從 1 加到 100 的總和也是以相同方式思考。將 1 到 100 的數字全部加起來，除以 100 就是其平均值。我們知道這個平均值會在正中央，其數值為 50.5。只要將它乘以 100 倍，就能得到原本從 1 加到 100 的總和，所以答案就是 5050。

這樣我們就很容易繼續推想下去，從 1 加到 1000 就是 500500，1 加到 10000 就是 50005000，總和的值會以 2 個 5 區分成兩段，各段的 0 的個數每次會增加 1 個。

 用一般的公式來做做看

平均值等於「正中央的數值」，也就是 5.5、50.5、500.5 等，我們靠直覺就可以猜到。但真的要一步步來求它的話，那該怎麼做呢？事實上，要計算 10 個、100 個、1000 個數字的總和，雖然可以直接用 10、100、1000 去除，但這樣計算的話實在有點本末倒置了。

其實，平均值等於「正中央的數值」，將數字依序排列時會位於正中央，這項事實之所以會成立，是因為這幾列數字之間的間隔都相等的關係。如果去掉幾個較大的數字的話，平均值就會從正中央往左側偏；如果去掉較小的數字的話，平均值就會往右側偏；正是因為沒有出現這樣的偏移，平均值才會真

的位於正中央。

　　再者，也正因為這幾列數字的間隔都相等，正中央的數值才會剛好等於第一個數與最後一個數加起來的平均值。實際將 1 加 10 除以 2，其值就是 5.5，將 1 加 100 除以 2 就等於 50.5，1 加 1000 除以 2 就等於 500.5。從以上我們可以推知，若要計算從 1 加到 10000 的總和，只要用以下的式子就可以算出來了：

$$1+2+\cdots+9999+10000=\frac{10000+1}{2}\times 10000$$

$$=5000.5\times 10000$$

$$=50005000$$

　　如果你了解這個概念的話，只要是從 1 開始加到某個數字，就算它不是像 10 或 100 那樣切得剛剛好的數字，也可以算出來。也就是說，只要將這個數字設定為 n，就可以得到以下的公式：

自然數的求和公式

$$1+2+\cdots+n=\frac{n(n+1)}{2}$$

三角形的面積公式

　　你可能會覺得，以上討論跟我要大家看的那個排成階梯狀的積木沒什麼關係，但事實上並非如此。仔細看看上一頁的求和公式，就可以看出它們之間的關係。

　　這個求和公式是「某數乘以某數再除以 2」，你以前一定也見過和這個型式相同的公式，那就是大家都懷念的三角形面積公式。

$$三角形面積 = \frac{底 \times 高}{2}$$

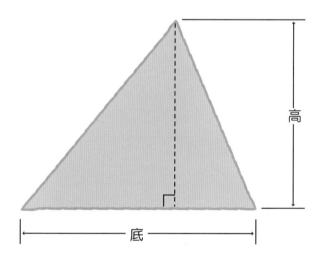

如果回憶起三角形面積的公式，再瞇著眼來看那個階梯狀的積木，是不是看起來像三角形？當然，要是我們數一數這些積木的總數的話，就能求出從 1 加到 10 的總和。但若把每塊積木的面積設為 1，則所有積木的總面積就等於總和，這點對於求三角形面積有沒有什麼幫助呢？

$$\frac{n \times n}{2}$$

　　簡單一點來想，橫向的積木有 n 個，縱向積木有 n 個，可以解釋為底 = n、高 = n。但是像左下圖（圖中設定 $n = 5$）那樣，三角形並沒有包含樓梯突出角的部分。雖然還有一種方法是加上突出部分的面積，但在此我們還是設想一個高度比原來高出 1 的三角形（如下圖）。你應該看得出來，這些突出部分與紅色缺口的部分會剛好抵消吧。如此一來，這個三角形的面積就會與所有積木的總面積相同了。

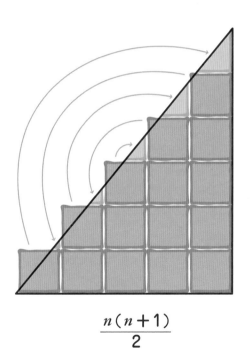

$$\frac{n(n+1)}{2}$$

金字塔的體積

　　我們用立方體如下圖般疊出一個 10 層的金字塔。若設每個立方體的體積為 1，完成的金字塔體積會是多少？

　　附帶一提，金字塔最頂端有 1 顆立方體，從上算起第二層有 4 顆、第三層有 9 顆、第四層 16 顆，各層所舖的立方體數量都是其階層數的平方。也就是說，最底下那層所舖的立方體共有 10×10 = 100 顆。

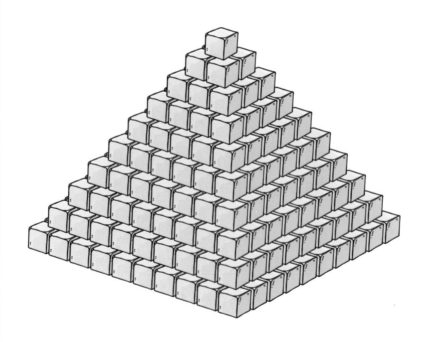

挑戰立體拼圖！

　　一下就思考 10 層金字塔太困難了，我們先來思考 3 層的金字塔吧。我們將這金字塔變形成如右下圖一般。這只是將堆疊的位置稍微做些改變而已，體積自然是不會變化的。

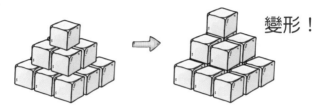

變形！

　　好的，題目來了，請用 6 個右邊這種變形金字塔組合出長方體。這個長方體的大小為 3×4×7。

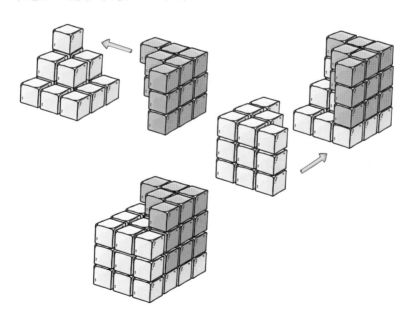

要在紙上畫出立體拼圖的答案十分困難，但我還是盡力畫出來了，也就是上一頁最下方的圖。書上雖然只畫了3個變形金字塔，但只要另外多做1個如步驟三那樣的組合，將它顛倒過來從頂端相互嵌合的話，就能得到我們所要的長方體了。

仔細觀察這個長方體半邊的構造，會發現只要在它的底面、右側面與前面，分別追加1個由立方體排成4×4正方形、厚度為1的零件，就可以造出1個尺寸增大1的相同形狀（如下圖）。這個形狀同樣可以分解為3個4層的變形金字塔，而且只要將它的複製品上下顛倒從上面相互嵌合，就可以變成長方體（4×5×9）。

　　同樣地，我們可以繼續在底面、右側面與前面追加尺寸更大的正方形零件，這個程序是可以不斷反覆的。也就是說，無論是多少階層，只要組合 6 個變形金字塔，就可以構成長方體。隨著金字塔每增加 1 階，這個長方體底面的長度與寬度都會增加 1。另一方面，由於每半邊組件的高度會增加 1，因此，由兩個半邊組合起來的長方體高度會一次增加 2。

　　根據這個事實，我們可以導出以下的式子，來表示 6 個 n 層變形金字塔所組成的長方體尺寸：

$$n \times (n+1) \times (2n+1)$$

　　當然，這個式子所表示的就是長方體的體積。也就是說，將這個式子除以 6，就可以求得單一個 n 層金字塔的體積大小了。所以，100 層的金字塔體積就是：（$100 \times 101 \times 201$）÷ 6 = 2030100 ÷ 6 = 338350。

另一方面我們也可以知道，n 層變形金字塔的體積就等於從 1 到 n 的自然數平方後的總和。所以根據以上發現，我們可以導出以下的平方數求和公式。

平方數求和公式

$$1^2 + 2^2 + \cdots + n^2 = \frac{1}{6}n(n+1)(2n+1)$$

你明白了嗎？

平方數求和公式

　　從 1 到 n 的自然數平方後的總和，可以用以下公式求得。但是它的型態有點複雜，大家不太容易記得吧？在此，我們要試著將這個公式當作長方形的面積，賦予它具體的意義。也就是說，我們要將面積為 1^2、2^2、$\cdots$、n^2 的零件組合起來，組合出面積等於公式右邊的長方形。

$$1^2 + 2^2 + \cdots + n^2 = \frac{1}{6}\,n\,(n+1)(2n+1)$$

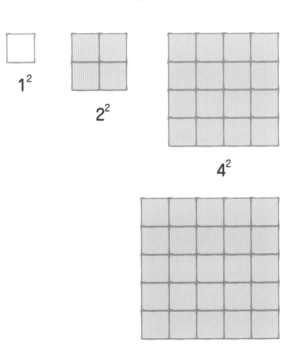

1^2

2^2

4^2

5^2

我們把公式右邊分解為如底下一般的乘積：

$$\frac{1}{3} \times \frac{n(n+1)}{2} \times (2n+1)$$

依據這樣的分解結果，看起來好像可以用 1^2、2^2、$\cdots$、n^2 的零件各 3 個，組合成寬 $n(n+1)/2$，長為 $2n+1$ 的長方形。這些零件全都是邊長 1、2、$\cdots$、n 的正方形，但看來似乎沒辦法直接用這些零件拼出來。因此，我想出的長方形做法是這樣：

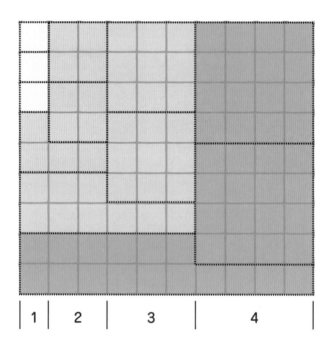

　　我們準備每種大小的正方形各 2 個，然後再準備一個個邊
長 1 的正方形填滿 L 型的部分。長度（底）正好是從 1 到 n 的
自然數總和，也就是 $n(n+1)/2$。寬度（高）方面，除了有
3 個邊長 1 的正方形之外，接下來都是兩個兩個增加，也就是
$2n+1$。L 型部分的面積也可以由下列方式來證明其面積為平
方數。

　　排成 L 型上半部的正方形個數，等於從 1 加到 $n-1$ 的總
和，排成下半部的正方形個數為從 1 加到 n 的總和。兩邊加起
來就是：

$$\frac{(n-1)n}{2} + \frac{n(n+1)}{2} = n^2$$

立方數求和公式

　　從 1 到 n 每個自然數的三次方加總起來的值，可以用下方的公式求出。仔細看這個公式，右邊剛好是從 1 到 n 的自然數求和公式的平方。看來似乎隱含著某種深奧的意義唷。其實，這個意義就隱藏在我們小時候背得很辛苦的九九乘法表中。請你設法解開這個祕密吧。

$$1^3 + 2^3 + \cdots + n^3 = \left(\frac{n(n+1)}{2} \right)^2$$

	1	2	3	4	5	6	7	8	9
1	1	2	3	4	5	6	7	8	9
2	2	4	6	8	10	12	14	16	18
3	3	6	9	12	15	18	21	24	27
4	4	8	12	16	20	24	28	32	36
5	5	10	15	20	25	30	35	40	45
6	6	12	18	24	30	36	42	48	54
7	7	14	21	28	35	42	49	56	63
8	8	16	24	32	40	48	56	64	72
9	9	18	27	36	45	54	63	72	81

第 5 題　　　　　　　　　提示

 研究九九乘法表

為了能簡單地解釋清楚，我們只切出九九乘法表中 3×3 的部分，然後再將 1×1 的方塊、2×2 的方塊、3×3 的方塊，以顏色區別。看了這幅圖之後你有何發現？

	1	2	3
1	1	2	3
2	2	4	6
3	3	6	9

為了回答這個問題，請利用以下式子展開後的狀況來思考，右邊所排列的乘法，剛好就和九九乘法表相同呢。

$$(1+2+3) \times (1+2+3) = \quad 1 \times 1 + 1 \times 2 + 1 \times 3$$
$$+ 2 \times 1 + 2 \times 2 + 2 \times 3$$
$$+ 3 \times 1 + 3 \times 2 + 3 \times 3$$

左邊是從 1 到 3 的總和的平方，正好等於立方數求和公式的右邊。這樣我們只要確定右邊的乘法總和會是 $1^2+2^2+3^2$，那麼就沒錯了。

　　這邊要注意的是上一頁圖中用顏色區分的 L 型部分。把這列數字相加之後，結果會如下所示：

$$1$$

$$2+4+2=2\times(1+2+1)$$

$$3+6+9+6+3=3\times(1+2+3+2+1)$$

　　這也表示，只要以下的等式能成立，那就沒問題了：

$$1+2+1=2^2 \qquad 1+2+3+2+1=3^2$$

　　這裡也還是要運用到九九乘法表，要像右頁的圖一樣分好顏色，來證明結果是否真的會如我們所預料的（在此顏色與方框中的數字並沒有關係）。請從左上到右下，數出斜向排列的同色方塊的數目，會發現數目從 1 開始慢慢增加，又慢慢減少到 1。

　　由此我們就可以知道，從 1 到 3 的自然數的三次方總和，等於從 1 到 3 的自然數總和的平方。將 3 變成 n，道理也是相同。

都一樣耶～

由以上可知，立方數求和公式是可以成立的，但有人可能會覺得這樣解釋太模糊了。公式右邊是一個平方數，那一定可以當作是某個邊長所計算出的正方形面積。既然這樣，我們是不是可以將面積為 1^3、2^3、…、n^3 的零件組合起來，得到邊長為 $n(n+1)/2$ 的正方形呢？不過，立方數其實不算是面積，而應該是立方體的體積。那我們該怎麼做呢？

讓我們把體積為 n^3 的立方體分解為一個個高為 1 的正方形零件。這些零件要如何排列才能組合出正方形呢？

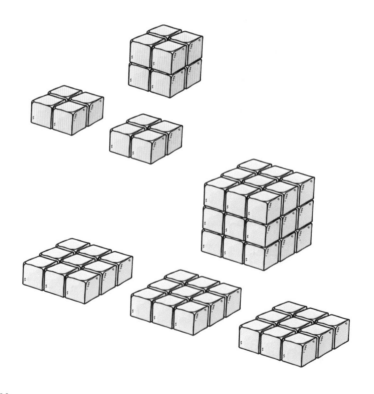

很可惜，在邊長為偶數的情況下，若不把其中一塊零件再拆成一半，就沒辦法組合出我們想要的正方形。

我想出的答案如下圖：

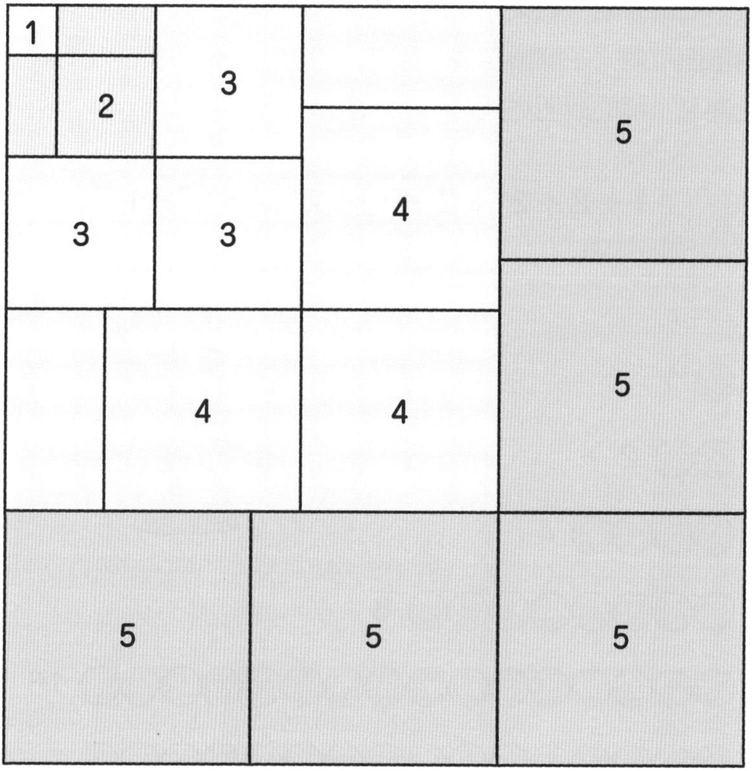

2 乘冪的總和

　　從 1 開始，乘以 2 倍、再乘以 2 倍⋯⋯，我們來算算這些
數字的總和吧。如果你知道等比級數的求和公式，就可以馬上
用下面這個式子解出答案。那麼，請想出一個不懂公式的人也
能輕易了解的說明方式。

$$1 + 2 + 2^2 + 2^3 + \cdots + 2^{n-1} = 2^n - 1$$

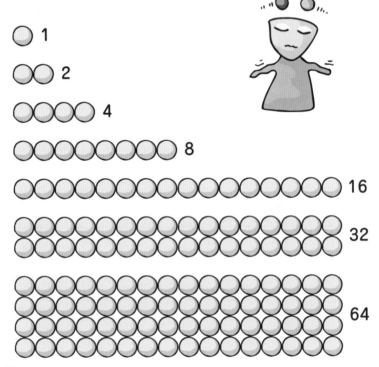

第 6 題　　　　　　　　　　　　　　提　示

 用公式解釋

　　我先為大家說明這個公式的計算方法，不過，這裡的方法可跟數學課本教的不一樣喔。

　　首先，我們先外借一個 1，加在公式左邊。

$$1+1+2+2^2+2^3+\cdots$$

$$=2+2+2^2+2^3+\cdots$$

> 加了 1 就變 2 了

$$=2\cdot2+2^2+2^3+\cdots$$

> 把兩個 2 加起來吧

$$=2^2+2^2+2^3+\cdots$$

> 把兩個 2^2 加起來吧

$$=2\cdot2^2+2^3+\cdots$$

$$=2^3+2^3+\cdots$$

$$=2\cdot2^3+\cdots$$

$$=2^4+\cdots$$

　　這樣反覆計算的結果，最後會得到 2^n。但我們一開始是外借一個 1，還掉這個 1 就變成 2^n-1 了。

用二進位法來解釋

　　你會不會覺得前面的計算過程很類似把 9999 加 1 的計算呢？計算 9999 ＋ 1 時，會從個位數開始一位位地連環進位，最後就變成 10000 ＝ 10^4 了。所以，若把加上去的 1 減掉，就可以得到 9999 ＝ $10^4 - 1$。當然，對已經習慣十進位的我們來說，這個等式是理所當然的。那麼用二進位法來思考又會是如何呢？

　　二進位法其實也就是使用 1、2、2^2 ＝ 4、2^3 ＝ 8、2^4 ＝ 16……等 2 的次方來表示數字的方式。比方說要表示 13 的話，由於 13 ＝ 8 ＋ 4 ＋ 1，所以下面的等式就會成立：

$$13 = 1 \cdot 2^3 + 1 \cdot 2^2 + 0 \cdot 2 + 1 \cdot 1$$

　　簡單來說，有用到的數字前面就擺 1、沒用到的數字就擺 0。於是，這個現象就可以如下表示：

$$13 = 1101_{(2)}$$

　　當然，最後面的（2）是代表這是採二進位法的意思。

　　讓我們把這個 13 加上一個 1。請注意，在二進位中，1 ＋ 1 ＝2 時就會進位一位。

$$1101_{(2)} + 1_{(2)} = 1110_{(2)}$$

那麼，如果我們將 n 個 1 接起來的二進位數字加 1，那又會如何呢？

$$111\cdots1_{(2)} + 1_{(2)} = 1000\cdots0_{(2)}$$

也就是說，只要個位數進位的話，就會造成上一位進位，這樣不斷地向左進位，最後就會在左邊沒有 1 的位置加上一個 1。

如果我們把加上去的 1 移到右邊的話，就變成以下式子：

$$111\cdots1_{(2)} = 1000\cdots0_{(2)} - 1_{(2)}$$

把這個式子以二進位法改寫之後，就會變成題目中 2 的次方數求和公式。

說穿了，這個公式只是在表示「n 個 1 連起來的二進位數，就是在 1 後面接 n 個 0 的二進位數的前一個數字」。要是我們對二進位夠熟悉、夠習慣的話，這個式子不用證明也能明白。

用面積來解釋

　　在以算式說明之後，讓我跟介紹前幾項公式一樣，也利用面積來解釋一下吧。下圖是將算式中指數為偶數的部分畫成 2^n × 2^n 的正方形，指數為奇數的部分則畫成長度為寬度 2 倍的 2^n × 2^{n+1} 長方形。你看，只要加上一個面積為 1 的正方形，就可以組成很工整的形狀。

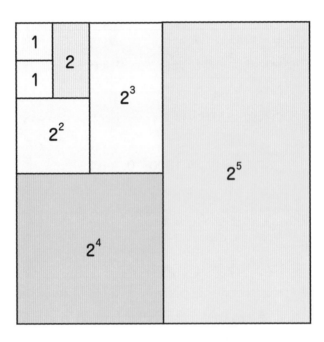

嘿，大家明白了嗎？

第 **2** 章

數數的技巧

哇！

Wa 博士真是超級愛計算。

算數‧數學的基本，終究還是數東西的
個數。但如果只是一個個地數著 1、2、3、4
……，這樣一點也不有趣。在這一章我們就
從數學構造與原理下手，來找出各種高明的
數數方法吧。

　　這一章所介紹的題目，如果只是要找出答
案其實非常簡單。但在看過我的解法之後，相
信你一定會馬上大喊：「原來還有這招！」

如何數彈珠？①

　　有一堆彈珠 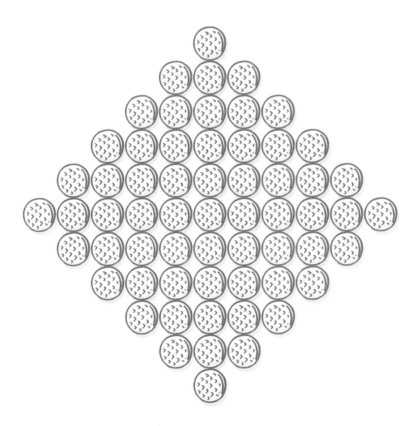 排成如下圖般的形狀。請問，這些彈珠一共有多少個？當然，如果一個個數的話也可以知道答案，在此且讓我們從彈珠的排列方式下手，找出快速的解題法吧。如果用顏色區分這些彈珠的話，說不定就能看出來喔。

看著上一頁的圖形你應該會發現，它的橫向是 1 個、3 個、5 個這樣不斷增加，到了 11 個之後又慢慢減少。我們就把整堆彈珠直接旋轉 45 度，再如下圖般區分成黃色與綠色吧。

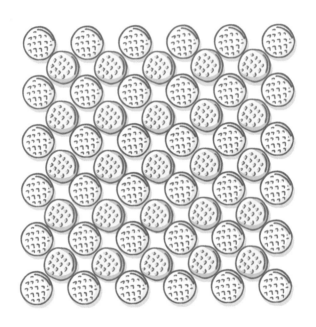

　　首先我們只看黃色部分，可以看到一個 6×6 的正方形。另一方面，只看綠色部分時，會看到 5×5 的正方形。因此，彈珠個數就可以這樣算出來：

$$6×6＋5×5＝36＋25＝61 \text{（個）}$$

如何數彈珠？②

　　有三種顏色的彈珠如下圖般排列。這些彈珠一共有多少個？

　　當然，分別算出各種顏色的彈珠個數也是一種方法，但請你想出一個無論有沒有分顏色，都能馬上算出來的方式。

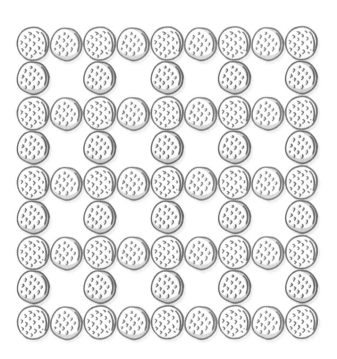

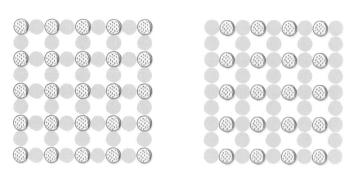

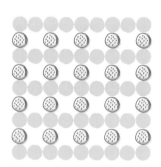

如果我們注意這些彈珠的顏色，把同樣顏色的彈珠分離開來，就會像上圖這樣。如此一來，我們就可以用以下的式子來求出個數：

$$5 \times 5 + 4 \times 5 + 5 \times 4 = 25 + 20 + 20 = 65 \text{（個）}$$

　　但是，讓我們腦筋急轉彎一下，改用減法來做，還有個更俐落的算法唷。

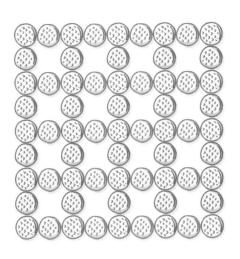

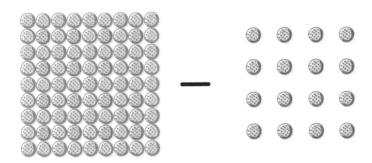

$$9 \times 9 - 4 \times 4 = 81 - 16 = 65 \text{（個）}$$

淘汰賽的賽程數

　　春季高中棒球選拔大會一共有 32 所高中參加，都是以優勝為目標。請問，需要比賽多少場次才能決定出優勝學校？這次大會沒有種子校隊，如果你能找出有種子校隊時也適用的方法，那就再好不過了。

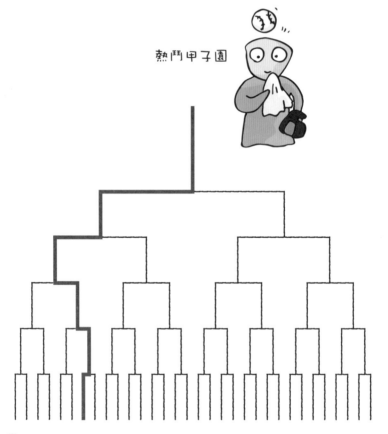

熱門甲子園

第 3 題　　　　　　　　　　提　示

　　我們先假設有 A、B、C、D四隊在進行淘汰賽。第一輪比賽 A、D 隊輸掉，B、C 隊晉級決賽，最後由 B 隊獲得優勝。

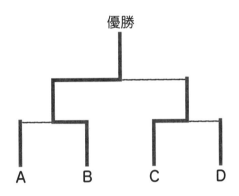

　　在此，我們把比賽場次與敗戰隊做個比較，結果發現，每一隊都只輸 1 次，所以 1 隊敗戰隊剛好對應到 1 場比賽。也就是說，敗戰隊的總數與比賽總場次是一樣的。

　　另一方面，由於優勝隊只有 1 隊，敗戰隊的總數就等於所有參賽隊伍減去優勝隊伍，也就是減去 1。這個道理無論總隊伍數是多少都會成立，即使有種子隊伍也一樣適用。

　　由此可知，春季高中棒球選拔大會進行的比賽場次，就是將參賽學校數 32 減去 1，答案是 31。

算出對角線的數目

　　我們畫一個凸多角形，並將裡面的對角線全部畫出來，請問一共可以畫出多少條對角線？當然直接畫出來再數是最簡單的做法，但請你想一個無論是幾角形都適用的方法。

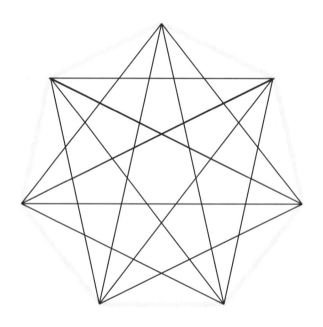

　　方法有很多種，但請先參考以下的想法吧。

　　首先，我們來數從 1 個頂點畫出的對角線有幾條。以下圖的狀況而言共有 4 條，每條數過的線我們都加上 ● 作為記號。由於這裡有 7 個頂點，● 的總數就是 7×4 = 28。另一方面，每條對角線都會接上 2 個 ●。也就是說，28 除以 2 的值就會與對角線的數目相等。

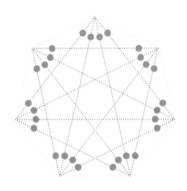

　　只要知道這個概念，就可以輕易求出一般 n 角形的對角線數目。在 n 角形中，每一個頂點除了自己與左右相鄰的頂點外，可以與其他 n−3 個頂點連成對角線。這也就表示，總共可以畫上 n(n−3) 個 ● 。把這個數除以 2，就是對角線的數目了。

$$凸\ n\ 角形的對角線數目 = \frac{n(n-3)}{2}$$

算出對角線的交叉點

　　畫一個與第 4 題相同的凸多角形，一樣將裡面的對角線全部畫出來。這次我們來算它的對角線有幾個交叉點吧，但必須是兩條線的十字交叉才算數。像下圖的七角形中每個交叉點都剛好是十字，但一般的多角形會有 3 條以上的對角線交會於一點的情形。碰到這種情況時，我們姑且就把多角形稍微扭曲一下，讓交叉點全都變成十字吧。

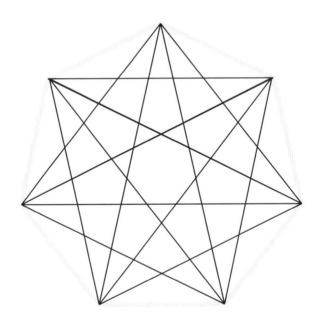

第 5 題　　　　　　　　　提 示

　　這個問題的關鍵在於，要找出對角線彼此交叉的相關數字。

　　我們先注意看其中一個交叉點吧。1 個交叉點是由 2 條對角線（下圖中的橘色線段）交會而成，這兩條對角線的頂點（全都標上 ○）一共有 4 個。這 4 個端點彼此可以連成好幾條對角線，但其中真正交會的點只有一開始我們注意看的這個點。

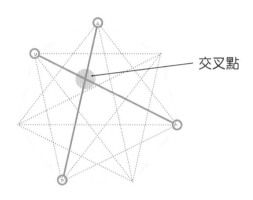

交叉點

　　這也就表示，在多角形頂點中選出 4 個點，就可以決定相對應的 1 個交叉點。根據這項事實，n 角形對角線所形成的交叉點個數，可以用下面的式子來表示：

$$_n\mathrm{C}_4 = \frac{n(n-1)(n-2)(n-3)}{4 \cdot 3 \cdot 2 \cdot 1}$$

算出正多面體有幾個邊

　　被稱為正多面體的立體形狀一共有 5 種，我們把它們的名稱、頂點數、邊數與面數都列成了下表。請在空白欄位中填入答案。

正多面體	各面形狀		頂點數	邊數	面數
正四面體	正三角形		4	6	4
立方體	正方形		8	12	6
正八面體	正三角形		6	12	8
正十二面體	正五角形		20		12
正二十面體	正三角形		12		20

第 6 題 提　示

正十二面體的情況

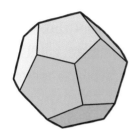

　　這是用 12 個正五角形組合出來的立體形狀。沿著正五角形的每個面去數它的邊，由於每一面都有 5 個邊，因此一共是 5 × 12 = 60 個邊。但是，這種數法每一邊都會被重複數到 2 次，因此實際的邊數是 60 的一半。

$$\frac{5 \times 12}{2} = \frac{60}{2} = 30$$

正二十面體的情況

　　這是用 20 個正三角形組合出來的立體形狀。沿著正三角形的面去數它的邊，由於每一面都有 3 個邊，因此一共是 3 × 20 = 60 個邊。但是，這種數法每一邊都會被重複數到 2 次，因此實際的邊數是 60 的一半。

$$\frac{3 \times 20}{2} = \frac{60}{2} = 30$$

數長方形

　　有許多點如下圖般排成格子狀。橫向一共有 10 排，從右到左每排增加 1 個點，最多增加到 10 個點。從圖中任選 4 個點當作頂點，可畫出 1 個長方形，請問，所有的點總共可以畫出幾個長方形？但是，只有水平線、垂直線可以當長方形的邊。

有我就搞定了！

第 7 題　　　　　　　　　　　　　　　　提　示

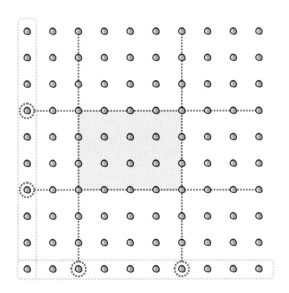

一開始，我們先來想一想各點排成正方形的情況吧。請看著其中一個長方形，想像它每個邊向上下左右延長的狀態。如此一來，垂直的兩邊延長到最底下會決定 2 個點，水平的兩邊延長到最左邊又會決定 2 個點。

　　現在我們反過來，從這張圖最底下的 10 個點中挑出 2 個點向上畫出直線，再從最左邊那排的 10 個點中挑出 2 個，往右邊畫出直線。

這樣的話，4 條直線就有 4 個交點，以這 4 點為頂點就可以形成 1 個長方形。

這也就表示，從最底下那一列的 10 個點中任選 2 個，以及從最左邊那一行的 10 個點中任選 2 個，所選出的 4 個點就會對應到 1 組長方形。根據這個事實，我們可以把長方形總數寫成下面的式子，但我希望你看到的不只是式子怎麼寫，更該注意這種一對一對應的情況是如何產生的。

$$_{10}C_2 \times {}_{10}C_2 = \frac{10 \cdot 9}{2 \cdot 1} \times \frac{10 \cdot 9}{2 \cdot 1}$$

$$= 45 \times 45$$

$$= 2025$$

現在我們再回到一開始的問題，像剛才那樣將長方形四邊延長的話會如何呢？

的確，在這個情況下，一個長方形也是由最底下任意 2 點

你不覺得這想法很棒嗎？

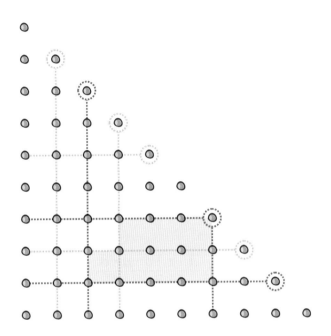

與最左邊任意 2 點形成的。但是某些點所形成的長方形會跑出格子點的範圍，因此選擇的點與長方形並不是一對一相對應。

於是我們和前面反過來，將長方形的邊往上及往右延長吧。這麼一來，延長的直線一定會落在最底下與最左側的線上的 10 個點上，長方形的頂點不在這兩條線上時可以定出 4 點，頂點在這兩條線上時則可以定出 3 個點。

再反過來看，從這兩條線上的 10 個點中選出 4 點或 3 點，就可以定出 1 個相對應的長方形吧。知道這層關係之後，目標長方形的總數就可以用下一頁的式子來表示。

$$_{10}C_4 + {_{10}C_3} = \frac{10 \cdot 9 \cdot 8 \cdot 7}{4 \cdot 3 \cdot 2 \cdot 1} + \frac{10 \cdot 9 \cdot 8}{3 \cdot 2 \cdot 1}$$

$$= 210 + 120 = 330$$

最後再介紹一種方法。如下圖般，在最底下與最左側的線外圍再追加 11 個點。在這種情況下，前面畫出的所有長方形都可以根據這 11 個點中的 4 點來決定。因此，長方形的總數就能以下列式子來表示：

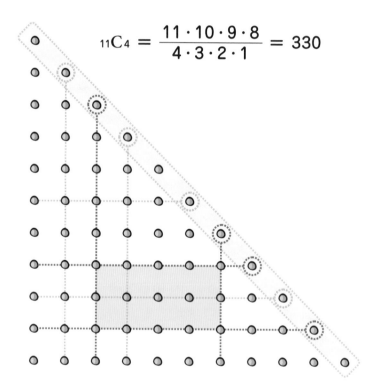

$$_{11}C_4 = \frac{11 \cdot 10 \cdot 9 \cdot 8}{4 \cdot 3 \cdot 2 \cdot 1} = 330$$

第 3 章

數字的魔術

在古代要算算數
都要靠我唷。

本章集結了各種魔法般的神奇現象，但它們絕對不是魔術，只是一些隱藏著高深數學的現象而已。只要你知道這些招式的奧祕，一定會發現當中的數學原理比表面的現象更加有趣。言歸正傳，請好好享受這些你一定會想表演給別人看的數字魔術吧。

扳手指計算

　　首先，我們用左手數到 8，再用右手數到 7。算一下你兩手伸直的手指加起來共有多少隻（5），把它記起來。再把你兩手摺起來的手指數目相乘（2×3 = 6），也把這個數字記起來。最後請把這兩個記下來的數排在一起，也就是將 5 和 6 排在一起，所得的數就是 56。這不正是 7×8 的答案嗎？為何會如此恰好呢？

我們來思考一下以下這個式子展開的情況吧。

$$(x - a)(x - b) = x^2 - (a + b)x + ab$$
$$= (x - (a + b))x + ab$$

將 $x = 10$ 代入這個式子，就會變成下面這個式子。另外，如果我們假設 $a = 2$、$b = 3$ 的話，這個式子就變成在計算 8×7 了。

$$(10 - a)(10 - b) = (10 - (a + b))10 + ab$$

如果用右頁的方式來解釋這個式子的話，就會知道如何用上一頁講的扳手指計算，來算出從 6 到 9 的數字相乘的結果。

① 將 a 看作左手摺起來的手指數目，
將 b 看作右手摺起來的手指數目

② $10-a$ 就是左手比出的數字，
$10-b$ 就是右手比出的數字

③ $a+b$ 是兩手摺起來的手指總數，因此，
$10-(a+b)$ 就是兩手伸直的手指總數

④ 將 $10-(a+b)$ 乘以 10 倍，
就會變成十位數的數字

⑤ 將左右手摺起來的手指數相乘，
所得的值 $a\,b$ 就是個位數的數字

　　請你也試試其他數字吧。某些情況下，ab 的值會超過 9，
而進位到十位數。

乘法機器

　　請在下方流程圖的 X 和 Y 中任意填入接近 100 的數字，然後用計算機先算一下 X 與 Y 相乘的值，把答案填進 Z。接下來請按照流程圖的指示，將數字一一填入。其中 ◀⃜⃜⃜⃜⃜⃜⃜ 代表的是「用 100 減去原數字」。將 E 與 C 的計算結果合併在一起，你會發現所得數字竟然和在 Z 填入的答案一模一樣。

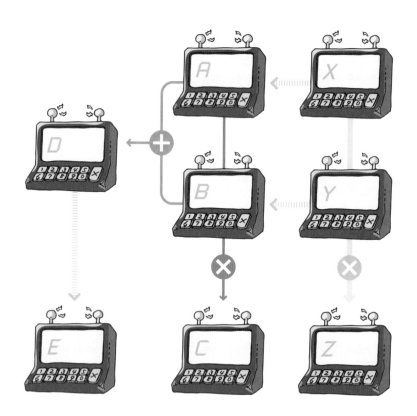

　　這台乘法機器乍看之下雖然完全不同，但其實它可以用和扳手指計算一樣形式的式子來解析。接下來，就讓我來為大家解釋一下吧。

$$(100 - a)(100 - b) = (100 - (a + b))100 + ab$$

❶ 填入 X＝100－a，Y＝100－b

❷ 在 A 填入 a＝100－X，
在 B 填入 b＝100－Y

❸ 計算 ab＝A×B，將答案填入 C，
它就會是 Z 的十位數與個位數

❹ 將 $a + b$ 填入 D

❺ 將 100－$(a + b)$ 填入 E

猜數字魔術

　　首先，請某個人在心中選出 1 到 31 之間的任一個數。如果他不知道要選哪個的話，就請他回憶一下自己生日的日期吧。接下來，讓對方依序看過 A、B、C、D、E 各組，問他所選的數字出現在哪幾組。然後，你就將出現這個數字的組別中左上角的數字全部加起來，大聲唸出答案。這時對方一定會嚇一跳，因為你竟然能說出只有他才知道的數字。為什麼會這樣呢？

1	3	5	7
9	11	13	15
17	19	21	23
25	27	29	31

2	3	6	7
10	11	14	15
18	19	22	23
26	27	30	31

4	5	6	7
12	13	14	15
20	21	22	23
28	29	30	31

8	9	10	11
12	13	14	15
24	25	26	27
28	29	30	31

16	17	18	19
20	21	22	23
24	25	26	27
28	29	30	31

　　這其實是二進位法的應用。從 1 到 31 的數字，全都可以用 1、2、4、8 和 16 組成。

　　比方說，10 就可以用 5 個 2 組成。

$$10 = 2 + 2 + 2 + 2 + 2$$

　　然而，使用 2 個 2，不如只用一個 4；用 2 個 4，不如只用 1 個 8。

$$10 = 4 + 4 + 2 = 8 + 2$$

　　這樣思考的話，每個組合的數字頂多只要用一次就夠了。也就是說，它們只分成有用到、沒用到而已。

　　其實上一頁的 A、B、C、D、E 各組，依序剛好是使用了 1、2、4、8、16 的數字集合。1 只在 A，2 只在 B，3 由於是 1 + 2，因此在 A 和 B 都有；4 只在 C，5 由於是 1 + 4，因此在 A 與 C 都有；6 由於是 2 + 4，因此在 B 與 C 都有。以此類推。

　　既然各組數字都有著這樣的原理，只要知道對方心中所選的數字出現在哪幾組，加上代表這組的數字就可以得到那個數字，因此一點也不神奇。

除以 9 的餘數

　　請你在紙上寫下你喜歡的某個數，不論幾位數都沒關係。然後將裡面每一位數一一加起來，如果答案還不是個位數的話，就再把它的每一位數加起來。如此反覆地加總，最後會得到一個個位數字。如果這個數字比 9 還小的話，它就是一開始你寫的數字除以 9 之後的餘數；如果這個數剛好等於 9，你一開始寫的數字一定可以被 9 除盡。為什麼這麼容易就可以知道所預設的數字除以 9 的餘數呢？

123456789

$1+2+3+4+5+6+7+8+9＝45$

$4＋5＝9$　　剛好被 9 除盡！

58273

$5＋8＋2＋7＋3＝25$

$2＋5＝7$　　除以 9 之後餘數為 7

第 4 題　　　　　　　　　提 示

　　這個方法過去被稱作去九法。它能夠成立，是因為我們平常計算用的都是十進位制。

$$10 = 9 + 1 \qquad 100 = 99 + 1$$

$$1000 = 999 + 1 \qquad 10000 = 9999 + 1$$

　　根據以上式子，10 的次方除以 9 之後餘數一定是 1。這是關鍵！

　　以 58273 為例，若根據十進位制來表示，就是：

58273

$$= 5 \times 10000 + 8 \times 1000 + 2 \times 100 + 7 \times 10 + 3$$

　　將前面的式子代進來後，就會變成下面這樣：

$$5 \times (9999 + 1) + 8 \times (999 + 1) + 2 \times (99 + 1)$$
$$+ 7 \times (9 + 1) + 3$$

$$= 5 \times 9999 + 5 + 8 \times 999 + 8 + 2 \times 99 + 2$$
$$+ 7 \times 9 + 7 + 3$$

要求除以 9 的餘數是多少，就等於盡量把 9 的數字團除去，以求出最後留下的數字。因此，就算去掉式子中乘以 9 的倍數的部分，最後留下來的數字（＝除以9的餘數）都不會變。

因此，只留下沒有乘以 9 的倍數的部分，也就是：

$$5 + 8 + 2 + 7 + 3$$

這正好是 58273 中個別數字的總和。將個別數字加總後除以 9 的餘數，也就等於將整個五位數除以 9 的餘數。

自動排列數字的乘法

　　這一題雖然不像魔術，但也挺有趣的。所有位數皆為 1 的數字（如 1111）平方後的結果，會剛好是由依序排列的數字組成。為什麼呢？

什麼？

$1^2 = 1$

$11^2 = 121$

$111^2 = 12321$

$1111^2 = 1234321$

$11111^2 = 123454321$

$111111^2 = 12345654321$

$1111111^2 = 1234567654321$

$11111111^2 = 123456787654321$

只要用筆一步步計算的話，馬上就能明白了。111111111 自乘時每位乘積都會向左偏移一位，從縱向看會發現 1 越來越多，超過原先的數目的最高位數後，1 就開始越來越少。當然，如果數字是由 10 個以上的 1 組成的話就會造成進位，那麼情況又不一樣了。

```
        1 1 1 1 1 1 1 1 1
  ×     1 1 1 1 1 1 1 1 1
  ─────────────────────────
        1 1 1 1 1 1 1 1 1
      1 1 1 1 1 1 1 1 1
    1 1 1 1 1 1 1 1 1
  1 1 1 1 1 1 1 1 1
  1 1 1 1 1 1 1 1 1
1 1 1 1 1 1 1 1 1
1 1 1 1 1 1 1 1 1
1 1 1 1 1 1 1 1 1
1 1 1 1 1 1 1 1 1
  ─────────────────────────
1 2 3 4 5 6 7 8 9 8 7 6 5 4 3 2 1
```

7 的大集合

　　這次是有關計算機的魔術。首先請在計算機打入12345679，請注意這裡面沒有 8。接下來請從 1 到 9 之間選出一個數字，然後乘上剛剛的八位數。下圖的例子選擇的是 7。然後將所得的答案再乘上 9，你會發現，整排都會變成你所選的數字喔。

這個魔術的祕訣，就是應用了乘法的交換法則。也就是說，調換乘數的先後順序，答案也不會改變。另外，111111111能夠被 9 除盡也是一個關鍵。

$$111111111 \div 9 = 12345679$$

$$12345679 \times 9 = 111111111$$

　　比方說，111111111 乘以 7，就會變成 777777777，這是當然的吧。這也就表示，下列的計算是可以成立的：

$$12345679 \times 9 \times 7 = 111111111 \times 7$$

$$= 777777777$$

　　我們就把這乘法的順序變動一下吧，它們的答案也應該是一樣的。

$$12345679 \times 7 \times 9 = 86419753 \times 9$$

$$= 777777777$$

　　中間出現的數看起來好像沒有特別的意義，乘以 9 之後卻一下出現一堆 7，這是令人嚇一跳的地方。如果對方剛好選到 9 的話，這個祕訣就破功了。但這時你一樣可以乘以 9，結果會是一排的 1，大夥兒看了應該也會開心一下，這時你就見好就收吧。

我使用起來
很方便唷～

可以玩很多
遊戲唷～

注意 2 乘冪的第一位數

　　底下所列的是 2 乘冪一直算到 20 次方的結果。你有沒有發現其中的奧妙？

　　比方說，我們若注意以下這兩組結果的最前面那一位數，會發現都是 2、4、8、1、3、6、1、2、5、1。咦，莫非從 21 次方算到 30 次方也是如此嗎？我想你一定會這樣猜測。實際上還有更驚人的事情會發生。

　　那就是……

2^1	=	2	2^{11} =	2,048
2^2	=	4	2^{12} =	4,096
2^3	=	8	2^{13} =	8,192
2^4	=	16	2^{14} =	16,384
2^5	=	32	2^{15} =	32,768
2^6	=	64	2^{16} =	65,536
2^7	=	128	2^{17} =	131,072
2^8	=	256	2^{18} =	262,144
2^9	=	512	2^{19} =	524,288
2^{10}	=	1,024	2^{20} =	1,048,576

第 7 題　　　　　　　　提　示

$$2^{21} = \qquad 2,097,152$$
$$2^{22} = \qquad 4,194,304$$
$$2^{23} = \qquad 8,388,608$$
$$2^{24} = \qquad 16,777,216$$
$$2^{25} = \qquad 33,554,432$$
$$2^{26} = \qquad 67,108,864$$
$$2^{27} = \qquad 134,217,728$$
$$2^{28} = \qquad 268,435,456$$
$$2^{29} = \qquad 536,870,912$$
$$2^{30} = 1,073,741,824$$

　　為了做為參考，我把從 2 的 1 次方算到 2 的 30 次方的結果都列出來。沒錯，21 次方到 30 次方這一組的最前面那一位數，排成的數列也跟前面兩組一樣。而且，其中沒有 7 和 9 出現。是不是無論多少次方，7 和 9 都不會出現呢？

　　絕非如此。不過，無論你乘到幾次方，只要不斷乘以 2，乘到某個時候，計算結果的最前面那一位數排起來一定會和上面的數列相同。

　　其原因在此因為篇幅不足不能作詳細說明，但 $\log_{10} 2$ 為無理數這點是本質性的原因。有興趣的人可以參考拙作《壯快！2^{100} 三話》（游星社）。

0.99999⋯⋯的謎

你小時候是否想過下面這個問題？

$$0.99999\cdots\cdots = 1 ??$$

上面這個等式究竟是對的呢？還是錯的？就用我的魔法徹底解除你的煩惱吧。

有我就搞定了！

第 8 題　　　　　　　　提　示

0.99999……與 1 相等嗎？如果拿這個問題去問許多人，大部分的人都會回答「不相等」吧。當然，在數學中事情的對錯可不是靠表決來決定的。其實答案是「相等」。但是，這該怎麼說服別人呢？

說服的方法

從已知的**事實**來推論。

首先，以下的等式應該沒有人反對吧。

$$\frac{1}{3} = 0.33333\cdots\cdots$$

1/3 是把 1 除以 3，這個除法的答案也的確是 0.33333……。

既然我們都認為這沒問題，那麼就把上面的等式兩邊同時乘以 3，結果會如何呢？

$$\frac{1}{3} \times 3 = 0.33333\cdots\cdots \times 3$$

將兩邊計算一下，當然就會變成：

$$1 = 0.99999\cdots\cdots$$

這樣嘍。（原來如此！）

說服的方法

用方程式來解釋。

既然我們不知道 0.99999……究竟是什麼，那麼就先假設它是 x 吧。

$$x = 0.99999\cdots\cdots$$

把兩邊同乘以 10 倍後，就會變成下面這樣：

$$10x = 9.99999\cdots\cdots$$

由於 9.99999……是 9 與 0.99999……相加的結果，所以：

$$10x = 9 + 0.99999\cdots\cdots = 9 + x$$

這樣子 x 就可以用下面的方程式解出來：

$$10x = 9 + x$$

很明顯，這個方程式的解就是 $x = 1$ 嘍。

（對耶，沒錯！）

說服的方法
③

歸謬法

如果 0.99999……不等於 1，兩者之間一定有差距才對。也就是說，如果把下面計算出來，應該會得到一個正確答案才對。

$$1 - 0.99999\cdots\cdots = ?$$

那麼這個答案究竟是多少呢？答案應該比 0.1 小才對吧。當然，它應該比 0.01、0.001 還小。1 前面無論接多少個 0，應該都還是比答案還大。但是，既然這個答案必須接無限個 0 在前面，就沒有任何數字能夠代表它。

這也就表示，一開始認為 0.99999……與 1 有差距的假設是錯的。所以說，它們兩個就不應該不相等。（這個嘛……）

以上哪一種說法能夠說服你呢？方法①應該連小學生也能了解。方法②必須國中以上才能了解，而方法③就連大人恐怕也似懂非懂吧。

　　無論如何，能夠用這些方法解出 0.99999……的謎題，一定有人覺得它像魔法一樣吧。問題本身雖然不是什麼魔術，但它看起來依然像是「數字的魔術」呢。

認真思考的話，就什麼都能弄懂了。這樣不是很愉快嗎？

神奇的立體形狀

什麼？

我不能回答你的問題，
因為我是貓。

我們都住在三度空間之中，也就是擁有長、寬、高等方向的空間。在這個空間裡充斥著許許多多的立體形狀，因此，我們可不能對這些立體形狀一竅不通喔。

　　本章集結了各種與立體形狀相關的問題，剛開始請先依據你的直覺來回答。但你也要小心，你的直覺可能會背叛你唷。

正多面體中哪一個最大？

　　正多面體包括：正四面體、立方體、正八面體、正十二面體、正二十面體等 5 種。就算你沒聽過正多面體這個詞，也應該曾經看過才對。然而，一般書本都會把這 5 種正多面體畫成差不多大小。

　　那麼，如果我們把邊長都設為 10 公分，來做出這些正多面體的模型，哪個正多面體會是最大的呢？

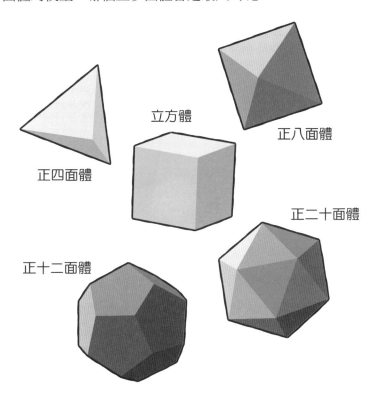

正四面體

立方體

正八面體

正十二面體

正二十面體

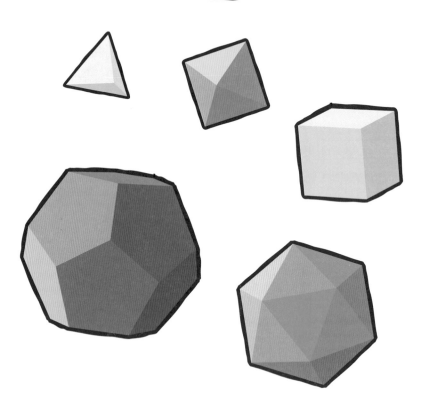

　　聽到這個問題，大多數人都會回答「正二十面體最大」。「因為面的數量最多」、「因為最接近球體」等等，有各式各樣的理由。其中也有人會反問，「最大是指什麼意思？是說面積或體積最大嗎？還是你問的是內接球面的半徑？」

　　其實就如你所見，不須去管這些支微末節的東西，總之是正十二面體最大，而且大非常多。

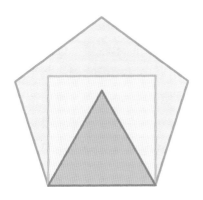

　　事實上，若你畫出邊長相同的正三角形、正方形與正五角形，就會知道正五角形絕對是最大的。只要你能想像這個情況的話，應該馬上就會知道，由正五邊形構成的正十二面體應該是最大的。

　　總而言之，正多面體的體積由大到小依序是：

正十二面體 > 正二十面體 > 立方體 > 正八面體 > 正四面體

　　前三個的大小關係，只要實際做出模型馬上就一目了然，正十二面體內部可以輕鬆擺進一個正二十面體，剩餘的空間還足以讓正二十面體喀啦喀啦地在裡面旋轉呢。而正二十面體裡面也可以擺入一個立方體。立方體在裡面雖然可以稍微晃動，但還沒到可以旋轉的程度。

　　再來，立方體裡也勉強可以擺入正八面體，正八面體裡面也勉強可以擺入正四面體。但是，如果你用有點厚度的紙來製作模型的話，它會剛好卡進去，而沒辦法蓋起來喔。

我們就來想像一個正八面體，並將其中一組相鄰的面與地面垂直放好，我們從正側面來觀察。從正側面來看，這組相鄰的面就會有與正三角形高度相等的邊。為了計算方便，我們把一個邊長設為 2，那麼高度就是 $\sqrt{3}$。請記得這點，然後我們來看下方的左圖，就會知道它是從正側面看正八面體的狀況。我們把它平行移動，移到邊長為 2 的立方體當中。直接這樣塞進去的話，正八面體的頭會稍微超出一些，所以我們再讓它向右稍微傾斜，就變成右邊的圖了。由於從正側面看過去，立方體的對角線為 $2\sqrt{2}$，因此，正八面體就剛好可以塞進立方體當中。

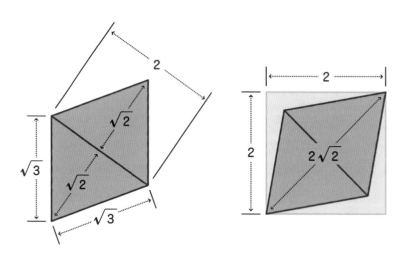

　　現在請想像一個正四面體,將其中一邊與地面垂直,我們一樣從正側面來觀察。下方左圖就是表示這個情況。我們用和前面正八面體相同的尺寸來計算,就知道正四面體可以很勉強地塞入正八面體當中。

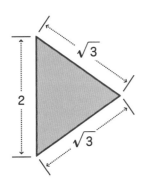

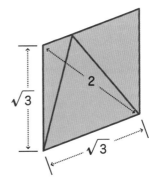

分割正四面體

　　4 個正三角形組合而成的立體形狀就是正四面體了。我們把正四面體的各邊都分成 3 等分，順著標記平行切開四面體，可以切出許多小的正四面體。到底總共能得到幾個正四面體呢？

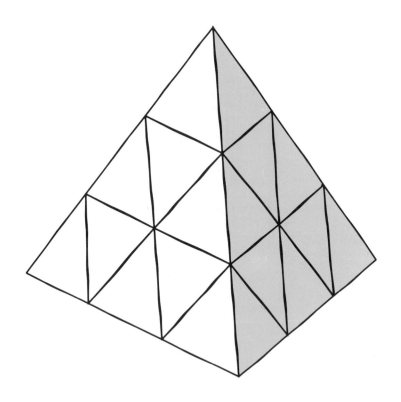

　　一下要分析立體形狀可能太難了，我們先從簡單的平面圖開始思考吧。如果用直線分割下圖這種正三角形的話，可以得到幾個正三角形呢？

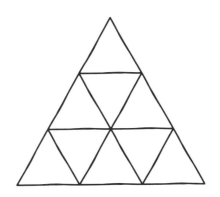

　　正如我說的，這個問題一點也不難。你可以看到，正三角形共有 9 個。如果我們再分得更細一點，向上的正三角形有 6 個，向下的正三角形有 3 個。

　　就算分割得更細，只要將向上的三角形與向下的三角形分開計算，都不是太難的問題。將各邊分成 n 等分的時候，向上的正三角形從最上面開始向下數，會 1、2、3 地一階階增加，最底下一定有 n 個正三角形並排。

　　這也就表示，向上的正三角形個數，一定與從 1 到 n 的自然數總和相等，大家已經知道求和的公式該怎麼寫了吧。向下正三角形的排列方式也是一樣，但比起向上三角形少了 1 階。因此，它的個數就是從 1 到 $n-1$ 的總和。綜合這兩項事實，

將正三角形每邊切成 n 段時，所形成的正三角形總數就可以用下面的式子來表示：

$$\frac{n(n+1)}{2} + \frac{(n-1)n}{2} = \frac{n(n+1+n-1)}{2}$$
$$= \frac{n \cdot 2n}{2}$$
$$= n^2$$

　　現在我們已經知道正三角形的情況，那麼回到正四面體又是如何呢？你可能會這樣想：「正四面體從各個面平行切開的

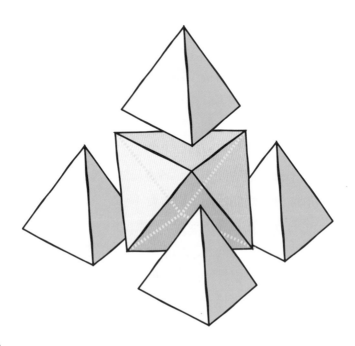

話，一定會變成一堆小正四面體吧。」但其實你猜錯了。實際上，將正四面體分割之後會像左下圖這樣，並不會都變成小正四面體，而且正中央會是一個正八面體。

　　上一頁的圖形雖然只畫了從上面算起第二階以上的情況，但下一階也會如下圖一樣，黃色的部分會形成正八面體。你可以說它是由正四面體與正八面體交錯排列而成。

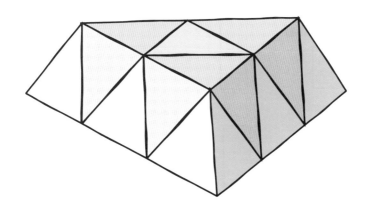

　　將這個底層的部分與正三角形分割後的情況對照，向上三角形就相當於 6 個正四面體，向下三角形就相當於正八面體的部分。因此，這個正四面體的第三階裡，就有這 6 個正四面體再加上只露出一面的向下四面體，也就是一共有 7 個正四面體。再加上上一頁的 4 個，我們就知道全部共有 11 個正四面體。

立方體與正八面體的展開圖

　　立方體的展開圖，去掉旋轉與翻轉後會一樣的部分，全部
共有 11 種，正如下圖所示。同樣要請問大家，正八面體的展
開圖共有多少個？有個辦法就算不列出展開圖也能知道答案
喔。

第 3 題　　　　　　　　　　　提 示

　　其實，立方體與正八面體有個像下圖所顯示的關係，那就是當其中一個以自己各個面的中心為頂點連接成線，再根據這些線形成面的話，就可以產生出對方來。比方說，左邊的圖是以立方體經上述步驟產生出正八面體。如果再以這個正八面體各個面的中心為頂點，就可以如右圖般產生一個立方體出來。

　　兩種形狀之間若有這樣的關係，我們稱為「互為彼此的對偶」。所以，正八面體是立方體的對偶；相反的，立方體也是正八面體的對偶。

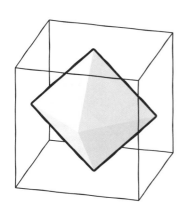
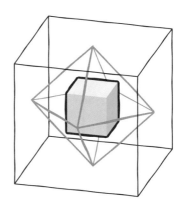

照這樣說來，對偶的對偶就會變成「自己」。但如果像上一頁那樣，只是不斷地重複產生對偶的步驟，只會一直往中心創造更小的立體形狀，並不會變回自己。因此，我們在每產生一次對偶時，就調整一下大小吧。

　　結果，就可以得到下面這樣的立體形狀。仔細看看就會知道，這是立方體與正八面體的合體圖。而且從這個圖也可以看出它們「互為對偶」的關係唷。

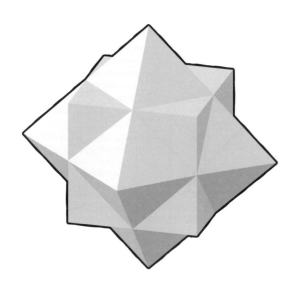

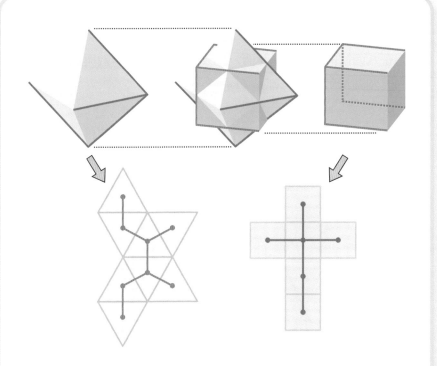

　　仔細觀察這個立方體與正八面體的合體圖，看看它們的展開圖有什麼關係吧。其關係就如上圖所示。

　　首先，讓我們先來看看合體圖中的立方體。我們將這個立方體沿著紅線用小刀切開的話，就會變成右邊的十字形展開圖。立方體中小刀沒有切到的邊都與藍色的線呈正交。而由這些藍線所構成的圖也畫在右邊的展開圖裡了。

　　現在我們來看看這些藍線。這些線剛好處於正八面體的邊上，如果用小刀切開的話，就可以得到左邊的展開圖。從正八面體的角度來看，這些紅線與小刀沒有切到的邊剛好呈正交。這些紅線所構成的圖形也畫在左邊的展開圖裡。

透過這樣的合體圖，每個立方體展開圖都會剛好對應到 1 個正八面體的展開圖。因此，立方體的展開圖個數與正八面體的展開圖個數相等，都是 11 個。

　　另外，正十二面體與正二十面體也有相同的關係，都是彼此的對偶。它們的合體圖則如下圖。透過這個圖形，兩者的展開圖也是一對一對應，其總數有 43380 個。

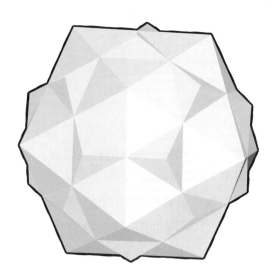

躲在正十二面體中的立方體

　　正十二面體是由 12 個正五角形組合而成的立體形狀，每個頂點都匯聚了 3 個正五角形。這個正十二面體的某處隱藏了一個立方體（像骰子一樣的形狀），你知道在哪裡嗎？

　　請找出能用正十二面體 8 個頂點做出來的立方體。

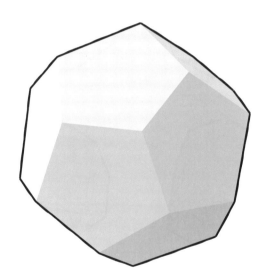

百聞不如一見，我們就實際從正十二面體切出一個立方體吧。

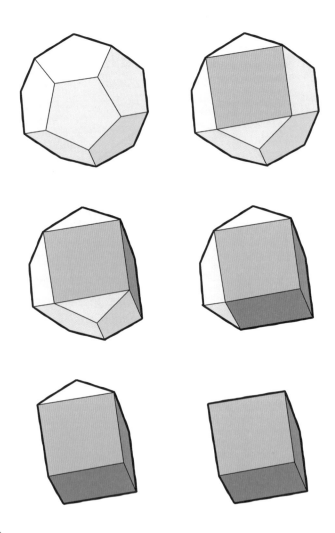

西瓜罐頭？

　　請想像一個塞著一顆球的圓柱體。有點像把西瓜裝成罐頭一般，圓柱的側面剛剛好把球的赤道線包起來。現在，請根據這個狀況，比較一下球的表面積與圓柱的側面面積（不含上下方的圓板面積），請問哪一個面積比較大呢？

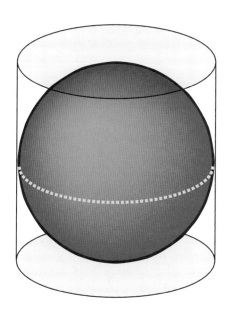

根據直覺，你會認為圓柱的側面面積比較大吧。要用圓柱的紙把西瓜完全包起來，就必須將圓柱上方與下方壓進來才行。這時圓柱會向中間壓扁，看來應該會大於西瓜的表面積吧。

　　即使你這樣認為，但其實球的表面積與圓柱的側面面積是相等的！

　　假設球的半徑為 r，其表面積就是：

$$球的表面積 \ = \ 4\pi r^2$$

　　另一方面，圓柱的高度與球的直徑相等，都是 $2r$。請看看下方的展開圖，圓柱側面就是一個長方形，高度為 $2r$，寬度就等於半徑 r 的圓周長。因此，其面積就是：

$$圓柱的側面面積 \ = 2r \times 2\pi r = 4\pi r^2$$

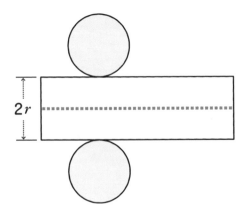

第 5 章

漂亮的證明

好厲害喔～

一起來玩玩
漂亮的證明吧！

數學中最重要的就是「證明」了。證明就是將理論性的推測，歸納出結論來。但是如果證明只是列出一堆複雜的符號，那也很無趣。你想不想看看，那種能夠直接看出問題的本質，乾淨俐落的漂亮證明嗎？你不需要自己靈光乍現突然想出來，只要看了本章所寫的證明會有所感動就好。因此，本章不叫「靈光乍現的證明」而叫「漂亮的證明」。

一看就懂的畢氏定理證明

　　直角三角形中夾著直角的兩邊長，其平方和等於斜邊長度的平方——這就是大家都知道的畢氏定理。由於邊長的平方就等於正方形的面積，所以畢氏定理的意義就等同於：正方形 A 與正方形 B 的面積和，就等於正方形 C 的面積。那麼我們要如何證明這個事實呢？當然數學課本裡都有證明，但如果我們不照著課本的方法，而更自由地去思考，其實有個簡單到令人嚇一跳的畢氏定理證明法喔。

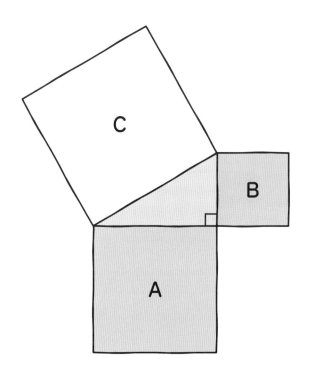

下方的圖形可以說明一切。請想像一下，若我們將上圖大正方形框框中的直角三角形移動一下，就會變成下圖的狀態喔。

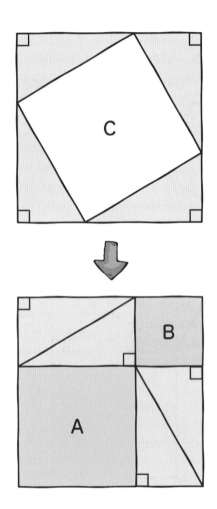

平方和的最大值

問題

假設 $x_1, \cdots\cdots, x_n \geqq 0$，

且 $x_1 + \cdots\cdots + x_n = d$，

請求出 $x_1{}^2 + \cdots\cdots + x_n{}^2$ 的最大值。

這個問題十分有數學味道吧。

如果變數只有 2 個，那麼這個問題只是求二次函數的最大值而已，高中生也可以輕易地答出來吧。但是，當變數增加到 3 個以上時，就變得有些困難了。

事實上，有個不須計算，就可以證明最大值為 d^2 的方法，這個證明法連國中生也能懂。究竟是什麼樣的方法呢？

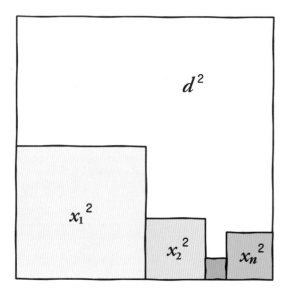

　　請看上面的圖形。最外圍是邊長為 d 的正方形，裡面擺了面積各為 $x_1{}^2$、……$x_n{}^2$ 的 n 個正方形。當然，這些正方形的邊長各為 x_1、……、x_n。

　　因此，我們可以知道：

$$x_1 + x_2 + \cdots + x_n = d$$

很明顯的，n 個正方形的面積和並沒有超越外框的正方形面積一樣，也就是 d^2。

再來，如果只留一個變數設為 d，其他變數均設為 0 的話，

$$x_1{}^2 + x_2{}^2 + \cdots + x_n{}^2 = d^2$$

題目所問的最大值就是 d^2。

　　如果你能明白這種方式的話，要算變數的三次方總和的最大值就會很容易。只要想像在一個立方體中沿著一邊排列著各種小立方體就可以了。

最後晚餐之謎

　　下圖是文藝復興末期的萬能天才畫家達文西所畫的〈最後的晚餐〉。請你看著這張圖，有沒有發現什麼呢？實際上，在畫中的13人中有人的生日月分是相同的喔。你知道這件事嗎？

順帶一提，正中央坐著的耶穌是 12 月出生的。但是，關於十二門徒的生日似乎沒有留下相關記載。這也沒關係，我們藉由數學的力量，就可以知道有人的生日月分是相同的。

達文西　〈最後的晚餐〉

道理其實非常簡單。因為月分只有 1 月到 12 月而已，而畫裡面有 13 個人，因此有人的生日月分相同一點也不奇怪。如果不是這樣的話，就表示所有人的生日月分各不相同，也就是說得有十三種月分才能對應到每一個人，這就太奇怪了。

　　有些人一開始就覺得這是理所當然的吧，但是如果不說明的話，應該也有很多人不會察覺喔。關鍵在於，以數量多的東西對應數量少的東西時，一定會出現重複的狀況。

　　比方說，有 10 隻鴿子，但只有 9 個鳥籠，那就一定要有某個鳥籠放 2 隻鴿子才行。雖然大家都覺得應該是這樣子，但也沒有其他東西能作為證據來證明它，這樣的事情在數學中稱做「原理」。尤其在這題所利用的原理，特別稱為鴿籠原理或抽屜原理。

　　利用鴿籠原理，我們可以知道右頁列出的事實。

① 只要丟出 7 個骰子，一定會有骰子點數相同。

② 去掉小丑牌的撲克牌任抽 5 張，一定會出現同樣花色的牌。

③ 只要任意集合 48 位日本人，一定會有人是相同縣市出生的。
順帶一提，日本共有 47 個縣市。

④ 只要有 366 人在場，一定有人的生日一樣。

⑤ 足球隊中一定有人編號的個位數相同。

種植 10 棵樹

　　有個 3m×3m 的正方形土地，現在想在這塊土地上種植 10 棵樹，但是每棵樹都要相距 1.5m 以上才行。如果可以在土地邊界上種樹的話，就可以像下圖這樣種 9 棵樹。當然，要直接在上面追加第十棵樹是不可能的。那麼能不能調整這九棵樹，好種得下第十棵樹呢？

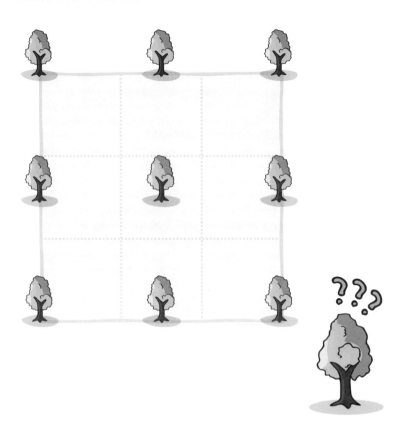

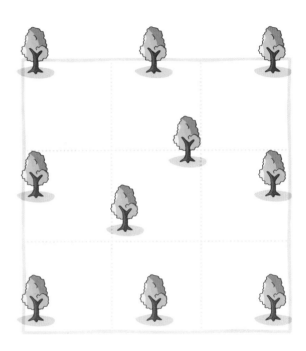

像上圖般，我們將 3m×3m 的土地每隔 1m 分割成 9 個方形區塊吧。

　　現在要將 10 棵樹都種進去。但是方形區塊總共只有 9 個，根據鴿籠原理，一定有某個區塊得種 2 棵以上的樹才行。比方說，上圖就是在中央的正方形中種了 2 棵樹。

這些正方形的邊長都是 1 m，也就是說，對角線的長度為 $\sqrt{2}$ m。在這個正方形當中，兩棵樹若要相距最遠，也只能分別種在對角線的兩個端點上。這表示，在這個正方形中，兩棵樹無論怎樣安排，彼此之間的距離也不會超過 $\sqrt{2}$ = 1.4142……，不可能到達 1.5m。因此，要種植 10 棵樹是不可能的事。

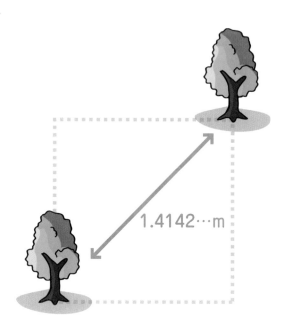

可用 10 除盡的數字組合

　　請在 7 張卡片上隨意寫下你喜歡的數字吧。無論幾位數的數字都可以，只要是正整數就好。這 7 個數字中，一定會有 1 組數字相加或相減後可以被 10 除盡。這是怎麼一回事呢？

　　比方說，下圖的情況中就有相加可被 10 除盡與相減可被 10 除盡兩種組合。

$$21837 + 39083 = 60920$$

$$5572 - 912 = 4660$$

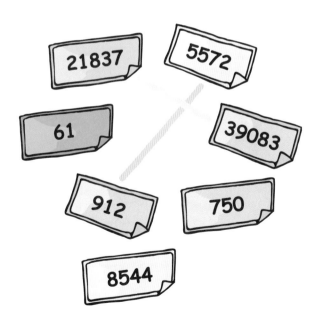

首先，請準備 6 個如下圖般寫著數字的箱子吧。請注意，除了 0 與 5 之外的箱子，箱子上的兩個數字相加要等於 10。

　　接下來，把你隨意寫上數字的 7 張卡片，依各張卡片的個位數數字，分別丟到寫有相同數字的箱子裡。

　　卡片共有 7 張，但箱子只有 6 個。這就表示，根據鴿籠原理，無論你卡片上寫了哪些數字，一定至少有 2 張卡片放在同一個箱子裡。如果這 2 張卡片的個位數數字不同，那麼就會剛好和箱子上的 2 個數字相同。也就是說，將這 2 張卡片上的數字相加，答案的個位數一定是 0，也就是可以被 10 整除。相反的，如果這 2 張卡片的個位數相同的話，兩者的差的個位數一定是 0，一樣可被 10 整除。

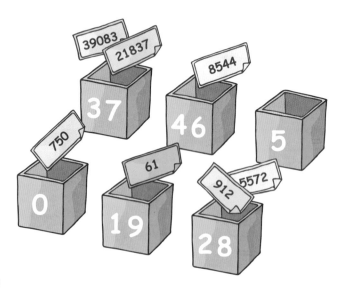

10 個數字的圓陣

　　這裡有 10 枚分別寫著 1 到 10 的硬幣，我們如下圖般把它們排成一個圓形吧，先後順序可以任意排列。只要把相鄰 3 個硬幣的數字相加，一定會有某組的和為 17 以上。這是為什麼呢？

　　比方說，像下圖就有 4 組的和大於或等於 17。

$$10+3+4=17 \qquad 8+2+7=17$$

$$2+7+9=18 \qquad 7+9+6=22$$

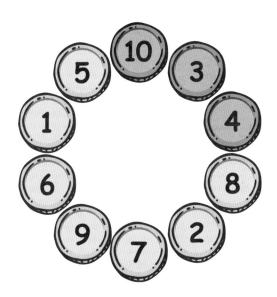

整個圓陣中相鄰 3 個硬幣的組合一共有 10 組，我們就來算算硬幣上的數字相加結果的平均值吧。也就是說，我們要將所有組合的和全部加起來，然後再除以 10。

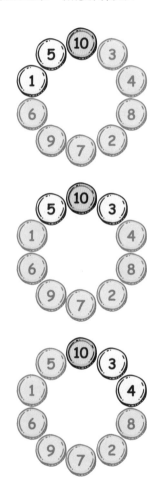

　　每個硬幣都會包含在 3 組相鄰組合中，因此，在將三數的和加總起來以求出平均值的算式中，每個硬幣上的數字都會出現 3 次。也就表示，平均值可以用以下的式子求得：

$$\frac{3 \times (1+2+3+\cdots+10)}{10} = \frac{3 \times 55}{10}$$

$$= \frac{165}{10}$$

$$= 16.5$$

　　平均值為 16.5，這表示在加總的和之中一定有 16.5 以上的數值。但由於 3 個整數的和必定為整數，因此，相鄰 3 個硬幣上的數字總和，有些一定會在 17 以上。

鋪設磁磚①

　　如下圖般，有一個 8×8 且去掉兩個角的板子，我們可不可以用一片有 2 個方塊大小的磁磚毫無空隙地將它鋪滿呢？當然，磁磚之間不可以重疊。

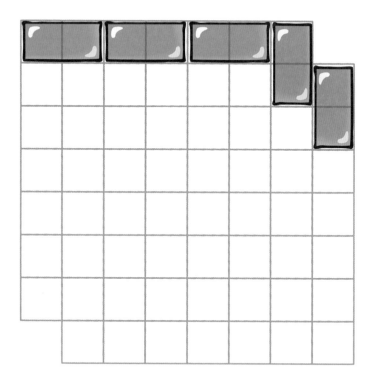

　　如果這個題目的答案是「可以」的話，我就在底下畫出舖滿磁磚的圖就好了。之所以沒這麼做，就是因為這一題的答案是「不可以」。為什麼不可以呢？這道問題的目的不在於要你思考可不可以，而是要你想一想，究竟為什麼不可以？

　　言歸正傳，面對這個問題我們該以什麼樣的對策來解題呢？如果不知道該如何下手，那就先從比較簡單的情況來摸索吧。比方說，如果是像下圖這樣去掉兩個角的 4×4 板子，該怎麼辦呢？在這種情況下，透過一連串的推導，結果會發現，用 2 個方塊大小的磁磚沒辦法舖滿板子。

　　假設有塊磁磚如下圖般放置，那麼要放在其左鄰方格上的磁磚就得直向放入。因此，在它們底下的磁磚就非擺橫的不可了。到最後，就會剩下 1 個方塊，沒辦法放磁磚進去。

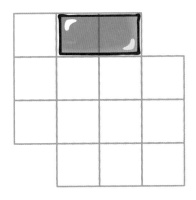

如此不斷推導，最終就會得到「用 2 個方塊大小的磁磚不可能鋪滿去了兩個角的 4×4 板子」的結論。然而，這種不斷重複動作來推導出結論的方式，實在很麻煩。有沒有馬上就能發現結論的漂亮證明法呢？

　　在這裡我們想到一個方法，就是利用黑白分色。如同左圖一般，我們把板子中的方塊分成黑白兩色吧，順便再讓 2 個方塊大小的磁磚變成透明無色。從圖形中你有沒有什麼發現呢？

　　任誰來看一定都會發現，2 個方塊大小的磁磚剛好會蓋在 1 個白色方塊與 1 個黑色方塊上面。也就是說，每擺上 1 塊磁磚，就會剛好蓋掉一組白色方塊與黑色方塊。

　　這也就表示，假設能夠用 2 個方塊大小的磁磚把整個板子鋪滿，每個白色方塊與黑色方塊必須能一一配對才行。若要如此，白色方塊的數量必須與黑色方塊的數量相同才行。但由於右上方與左下方（對角線上）2 個應該是白色方塊的部分被去掉了，因此黑色方塊數量會比較多。

　　實際上，黑色方塊共有 32 個，但白色方塊只有 30 個。這樣方塊就不可能完全成對了。因此，用 2 個方塊大小的磁磚不可能將板子鋪滿。

舖設磁磚②

　　有一個 8×8 的板子，左上方去掉 1 個方塊，因此總共有 63 個方塊。由於 63 是奇數，用 2 個方塊大小的磁磚不可能將板子舖滿。那麼，用 3 個方塊大小的長條形磁磚（1×3 與 3×1）有沒有辦法呢？

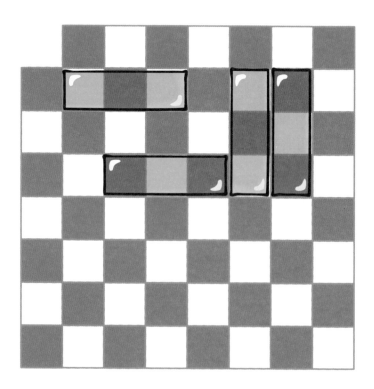

附帶一提，如果用 3 個方塊大小的 L 型磁磚，就可以如下圖般將板子舖滿了。2 個 L 型磁磚可以組合成 1 個 2×3 的長方形。如果把這個部分替換成 2 個「長條形」的話，只需要 1 個 L 型就夠了。然而，究竟能不能全部都改用 3 個方塊大小的長條形磁磚呢？

　　在第 7 題的推論中，黑白分色似乎功勞不小，但這次用一樣的分色方法卻效果不彰。實際上，將 3 個方塊大小的直條形

磁磚放上去，會有蓋到 2 個白 1 個黑的情況或 1 個白 2 個黑的情況。這樣的現象究竟能如何運用呢？

　　但是，還是別堅持使用黑白分色吧。這一次，我們就如下圖般，將板子的格子分成紅、白、藍三種顏色好了，然後再將磁磚擺上去試試看。

　　結果發現，長條形磁磚無論怎麼擺，都剛好可以蓋到紅、白、藍的方塊三色。基於這個事實，我們就可以得到結論：3 個方塊大小的長條形磁磚不可能將板子全部舖滿。因為如果能

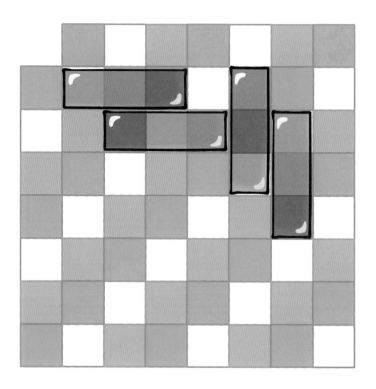

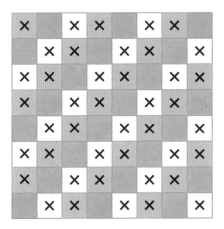

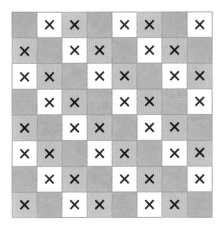

夠舖滿的話，紅方塊、白方塊與藍方塊應該可以彼此成為一組，各方塊的數量也應該會相等才對。但實際上，紅色有 22個、白色有 21 個、藍色有 20 個，因此是不可能舖滿的。

　　明白這一點之後，緊接而來的問題是：如果將這個 8×8板子去掉 1 個方塊，使上頭的紅、白、藍方塊數量相等的話，是不是就可以用 3 個方塊大小的長條形磁磚將板子舖滿呢？也

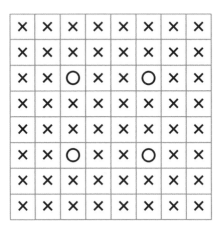

就是說，如果我們放回左上角原本應該是藍色的方塊，而去掉比其他顏色數量還多的 1 個紅色方塊會如何呢？

上一頁的兩張圖就是兩種不同的分色方式，並將白色與藍色的部分都打上×。也就是說，如果把打×的方塊去掉的話，就會跟前面所講的一樣，無法用 3 個方塊大小的長條形磁磚鋪滿。

上方的圖是將上一頁的兩張圖重疊起來的結果，沒有打上×的方塊（畫○的部分）只有 4 個而已。如果是從這 4 個方塊中去掉 1 個的話，3 個方塊大小的長條形磁磚是有可能鋪滿的。但這樣已經不像原來題目中的圖形，比較像一個拼圖了。

舖設磁磚③

　　有一個 14×14 的板子，若使用橫向 4 個方塊、縱向 4 個方塊的磁磚組合，能夠舖滿這個板子嗎？

　　你聽到這個問題就知道，答案是「不能」。為什麼不能呢？請解釋它的理由。

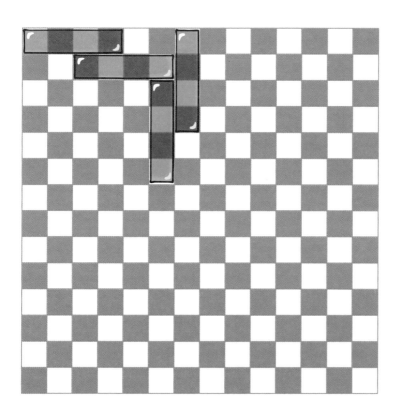

每擺 1 塊磁磚，就會蓋掉 2 個白色方塊與 2 個黑色方塊。這就表示，白色與黑色方塊不但要數量相等，而且都必須是偶數，才有辦法用 4 個方塊大小的直條形磁磚來將板子鋪滿。但是題目中的板子是 14×14 大小，白色與黑色方塊都是 14×14÷2＝98 個。由於 98 是偶數，看不出有任何不對勁的地方，這個推論方法就無效了。

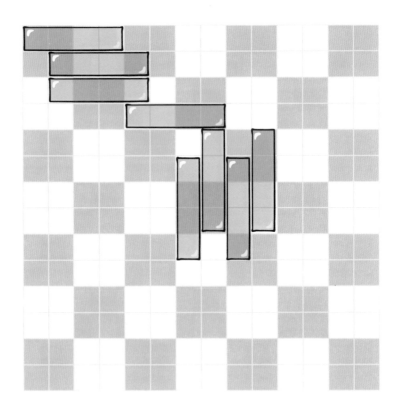

　　因此，如同上一題的做法，我們要改變一下 14×14 板子的顏色區分法（如左頁圖）。這麼一來，無論磁磚怎麼擺，都會蓋到 2 個白色方塊與 2 個藍色方塊。這也就表示，想要用 4 個方塊大小的直條形磁磚鋪滿板子，白色與藍色方塊的數量必須相等，而且都要是偶數。但是很明顯的，藍色方塊比較多，因此，不可能達成我們原本的目的——鋪滿板子。

舖設磁磚④

　　放心，這是最後一道舖磁磚問題了。這一次我們要探討用
4個方塊大小的凸型磁磚能否舖滿 10×10 板子。磁磚的放置方
向完全自由。究竟有沒有可能舖滿呢？

　　按照慣例，這次的答案也是「不可能」。但也請你解釋不
可能的原因。

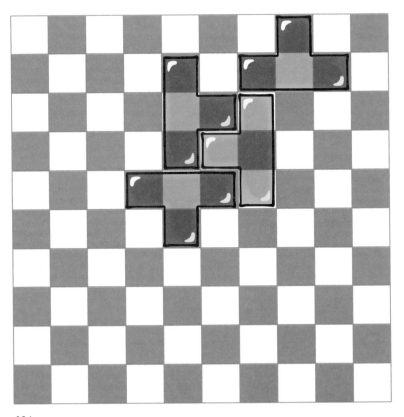

　　首先我們想想，放下 1 個凸型磁磚時會發生什麼事？這次跟前面所有的題目不同，磁磚所覆蓋的白色方塊與黑色方塊數量不一定會一樣，如下所示，有可能是 3 個白方塊加 1 個黑方塊，也可能是 3 個黑方塊加 1 個白方塊。

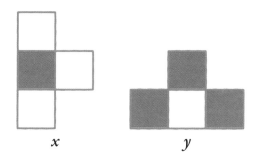

x　　　　　　　　y

　　假設凸型磁磚能夠把板子鋪滿的話，我們先假設蓋住 3 個白方塊加 1 個黑方塊的磁磚有 x 個、蓋住 3 個黑方塊加 1 個白方塊的磁磚有 y 個。由於磁磚總共會蓋住 50 個白色與 50 個黑色方塊，因此，以下的聯立方程式應該會成立才對。

$$\begin{cases} 3x+y = 50 \\ x+3y = 50 \end{cases}$$

把第一道式子乘以 3，再減去第二道式子，可得到：

$$8x = 100$$

這樣表示 x 應該要等於 12.5 才對，但這個答案不是整數。磁磚的個數必須是整數，因此凸型磁磚沒辦法將 10×10 板子舖滿。

　　如果明白以上的說明，我們就可以判斷在更廣泛的狀況下，凸型磁磚究竟能不能將板子舖滿了。

　　假設凸型磁磚能夠將 $n×n$ 板子舖滿，與前面相同，我們一樣假設會蓋住白 3 黑 1 方塊的磁磚有 x 個、會蓋住黑 3 白 1 方塊的磁磚有 y 個。

　　由於 $n×n = n^2$，另外，如果不是 4 的倍數的話，就不可能用 4 個方塊大小的磁磚將板子舖滿，因此 n^2 必為 4 的倍數。而且，如果板子像西洋棋盤般分為白色與黑色兩色的話，白色方塊的數目必定會與黑色方塊的相等，也就是各占總數的一半。

　　根據以上所述，我們可以列出如下的聯立方程式：

$$\begin{cases} 3x + y = \dfrac{1}{2}\,n^2 \\ x + 3y = \dfrac{1}{2}\,n^2 \end{cases}$$

將這個聯立方程式的第一道式子乘以 3 的話，就會變成：

$$9x + 3y = \frac{3}{2}n^2$$

將這個式子減去聯立方程式的第二道式子，會變成以下的式子，就可以求出 x 來了。y 也可以用相同的方式求出。

$$8x = n^2$$

$$\therefore \quad x = \frac{n^2}{8} \, , \, y = \frac{n^2}{8}$$

注意這裡的 $8 = 2 \times 2 \times 2$，如果 n 不能被 2×2 除盡的話，x 與 y 就不會是整數，那就太奇怪了。所以說，n 必須能讓 2×2 除盡才行。這也就表示，n 必須為 4 的倍數才行。

你不覺得
這證明
很精采嗎？

由以上我們可以知道，$n \times n$ 的板子要能讓凸型磁磚鋪滿的話，n 就必須為 4 的倍數。反過來說，只要 n 是 4 的倍數，是不是就一定可以將板子鋪滿呢？

這個答案其實就像是個簡單的拼圖遊戲。只要組合 4 個凸型磁磚，就可以產生 1 個如下圖的 4×4 零件。只要使用這個零件，就可以鋪滿長寬都為 4 的倍數的板子了。

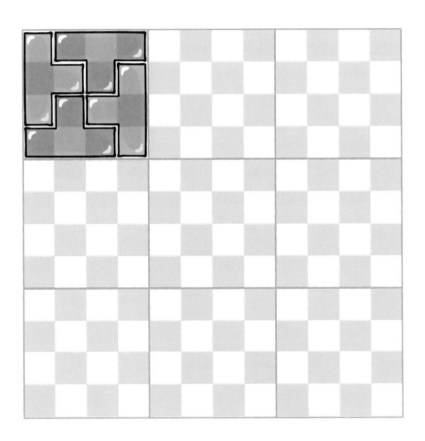

用磁磚拼出形狀

　　下方有個用 5 個 1×4 磁磚及 5 個 2×2 磁磚排出的「形狀」。如果把其中一個 1×4 磁磚換成 2×2 磁磚的話，還有可能排出同樣的「形狀」嗎？

　　除了下圖的形狀之外，你還可以試試其他各式各樣的形狀。看起來，似乎有些形狀可以做得出來，有些不行。

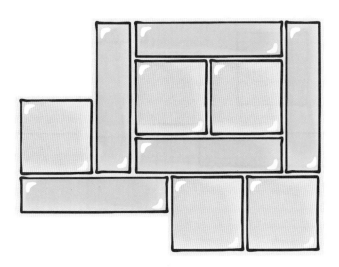

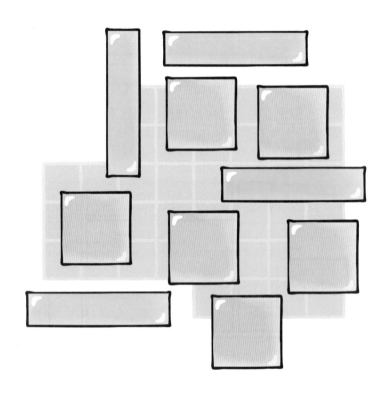

　　1×4 磁磚與 2×2 磁磚的形狀當然不同，但它們的面積是一樣的。那如果只交換 1 個，並調整其他的磁磚位置，是否就可以做出原來的形狀呢？感覺起來好像也不是那麼難辦到。但實際上，就算只換掉 1 個磁磚，也不可能排出原本的形狀。這是怎麼一回事呢？

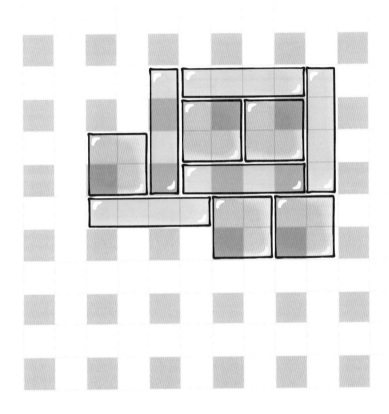

　　你可能還一頭霧水、不知該從哪裡開始思考吧。這時，前面幾題一直使用的板子在這裡也可以派上用場唷。不過，板子的方塊要像上圖般劃分好顏色。接著，我們就將磁磚擺上去，來排出剛剛的形狀吧。

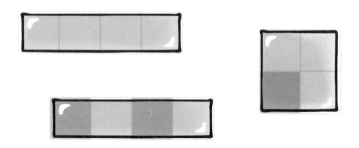

　排起來之後，首先我們會看到，每塊 2×2 磁磚只會蓋到
1 個有色方塊。另一方面，1×4 磁磚所覆蓋到的有色方塊數量
則會隨著磁磚的位置而不同，但不是 0 個就是 2 個。也就是
說，每個 1×4 磁磚所蓋到的有色方塊數一定是偶數。

　從這項事實我們知道，磁磚所構成的形狀會蓋到的有色方
塊數量，其奇偶性（究竟是奇數或偶數）會與 2×2 磁磚數量
的奇偶性一致。

　以上一頁的圖形為例，1×4 磁磚有 5 個，其中有 2 個各覆
蓋到 2 個有色方塊，其餘 3 個沒有蓋到有色方塊。另一方面，
2×2 磁磚也有 5 個，每塊磁磚都會覆蓋到 1 個有色方塊。因
此，這些磁磚構成的形狀所覆蓋到的有色方塊合計有 9 個。9
當然是奇數，這與 2×2 磁磚的數量為奇數相符合。

　如果我們將 1 塊 1×4 磁磚換成 2×2 磁磚會如何呢？無論
原來構成的形狀是什麼，都是減少了 1 塊 1×4 磁磚，增加了
1 塊 2×2 磁磚，所有磁磚覆蓋到的有色方塊數量會因此改變。
由於 1×4 磁磚覆蓋到的有色方塊數量不是 0 就是 2，因此就算

減少 1 塊，有色方塊個數的奇偶性也不會改變。但另一方面，由於 2×2 磁磚的數量增加了，所覆蓋到的有色方塊數量也會因此增加了 1 個，所以，如果蓋到的有色方塊個數原本是奇數的話，現在就會變偶數；原本是偶數的話，現在就會變成奇數。

　　這就表示，無論一開始所構成的形狀是什麼樣子，換過磁磚後絕對不可能回復成原來的形狀。因為在這形狀中，有色方塊的數量是不可以變化的。

繞一圈西洋棋盤

　　如下圖，有一個 7×7 的板子，我們讓 1 顆彈珠在裡面往上下左右的相鄰方塊不斷移動，有沒有可能讓它通過所有方塊，最後再回到起點呢？

第 12 題　　　　　　　　　提　示

　　我們先以一位大叔來代替彈珠吧。大叔每一步踏 1 個方塊地跑出去，要如何讓大叔通過所有方塊各 1 次，最後回到出發時所站的方塊（左上角）？

當然，大叔遵守著與彈珠相同的規則，也就是只能往上下左右的相鄰方塊移動，不能斜向前進或跳過方塊。你從這個情況有沒有想到什麼呢？

好，我們注意一下大叔的足跡吧。剛開始的第一步他是跨左腳踏到白色方塊上，接下來第二步是跨右腳踏到黑色方塊上，第三步是左腳踏白色方塊……。也就是說，大叔是交互踏著白方塊與黑方塊前進的，但左腳一定踏在白方塊上，右腳一定踏在黑方塊上。而最後要回到的起點為黑方塊，所以會用右腳踏上終點。

這就表示，將左腳所踏的白方塊與右腳所踏的黑方塊合併起來思考，大叔通過的路線中白方塊與黑方塊的數量應該要相同才對。但是問題中的 7×7 板子裡，黑方塊比較多。事實上，黑方塊有 25 個、白方塊有 24 個。因此，大叔不可能走過板子上的所有方塊。

　　明白這一點之後，我們就可以知道，就算板子不是 7×7，只要方塊的個數不是偶數，大叔就沒辦法通過所有方塊回到起始方塊。

　　廣泛來說，n×m 板子的方塊總數不是偶數而是奇數的情況，就是發生在 n 與 m 都是奇數的時候。這時，大叔就沒辦法通過所有方塊回到起點上了。換成彈珠的話道理也是一樣。

　　那反過來看，當 n×m 為偶數，也就是 n 與 m 至少有 1 個為偶數時，彈珠就一定能通過所有方塊並回到起始方塊上了嗎？

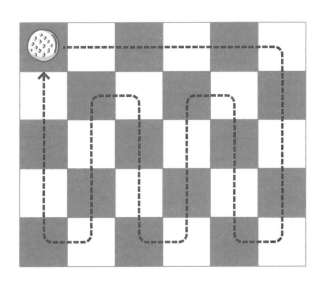

我們就以上一頁的圖為例，這是一個 6×5 的板子，彈珠只要沿著虛線標示的路線移動，就可以通過所有方塊回到起始方塊上。

　　也就是說，它只要一開始就向右移動到最右側，再以 S 狀反覆上下移動就好。無論直行的方塊有多少個，只要橫向的方塊數量為偶數，「向下移動」與「向上移動」相互配合就可以跑完全程。

　　所以結論是，只要 $n×m$ 為偶數的情況，彈珠就有辦法經過所有方塊回到起始方塊。等一下，這結論下得太快嘍。這個理論要成立，還必須 n 與 m 都比 1 大才行。事實上，如果方塊只有 1 條橫列的話，彈珠自然就沒辦法回到原處了。

迷宮之謎

下方有個迷宮。請任意選個入口進去，然後所有的房間都各經過 1 次，最後進到放有你喜歡的寶箱的房間裡。你打算選哪個寶箱？

然後，如果你選擇紅色寶箱的話，也必須通過放置綠色寶箱的房間。

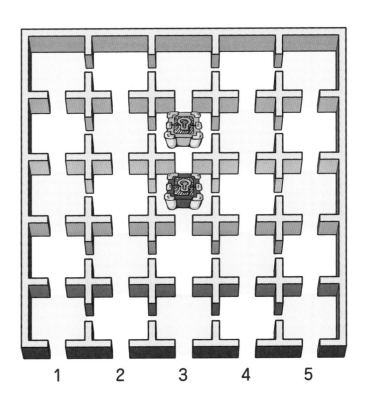

比方說，如果我們選擇紅色寶箱的話，只要像下圖般從 1 號入口進去，從外側向內迴旋走進去即可。那麼，如果想要綠色寶箱該怎麼辦呢？

　　其實，無論從哪個入口進去，都不可能到達放置綠色寶箱的房間。既然如此，那麼不可能的理由是什麼？問題中的房間

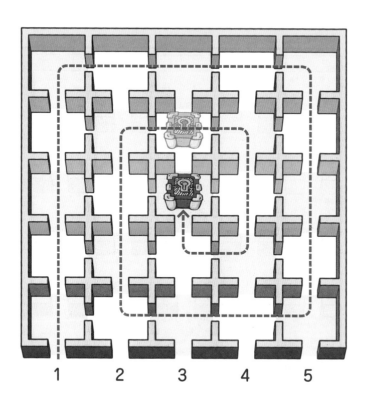

1　　　2　　　3　　　4　　　5

也是分成黃色與白色，解決這道謎題的關鍵就隱藏於此。

　　首先，無論你想從哪個入口進去，都一定會交互通過黃色房間與白色房間。事實上，如果沿著上一頁的路徑走，就會從黃色房間開始，交錯經過黃白房間，最後到達紅色寶箱所在的黃色房間。

　　這時你所通過的黃色房間一共有 13 間，另一方面，白色房間則有 12 間。也就是說，要到達目標房間所經過的路徑，一定要交互經過 13 個黃色房間與 12 個白色房間（參考下圖）。而黃色房間會比白色房間多出 1 間。這就表示，這條路徑的兩端必定都是黃色房間。必須從黃色房間開始，經過黃白交錯，最後到達黃色房間。

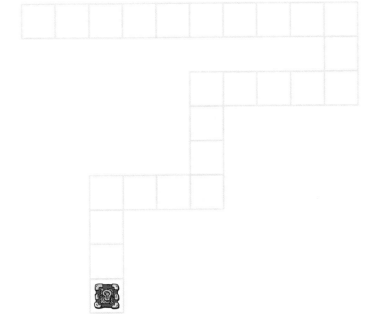

基於這項事實，顯然不可能拿到綠色寶箱，因為綠色寶箱是放在白色房間裡。

　　另一方面，雖然放置紅色寶箱的房間是黃色的，但你若是選擇從 2 號或 4 號入口進入迷宮的話，同樣無法拿到寶箱，因為從 2 號或 4 號入口進去的話，進入的第一間房間是白色的。

　　從 3 號或 5 號入口進去的話，進入的第一間房間是黃色的。也就是說，選擇它們的話，是有可能找到寶箱的。實際上要發現這段路徑也並非難事。

　　那麼，如果紅色寶箱放在其他黃色房間的話，還有沒有可能走到呢？這是個簡單的謎題，請把紅色寶箱安置在任一間黃色房間中挑戰看看。

禁止直走的城鎮

　　有一個如下圖般的城鎮，我們有沒有辦法從 A 進去、從 G 離開呢？在城鎮裡，凡碰到十字路口時，絕對禁止直走。當然也禁止先走出城鎮再走回來。

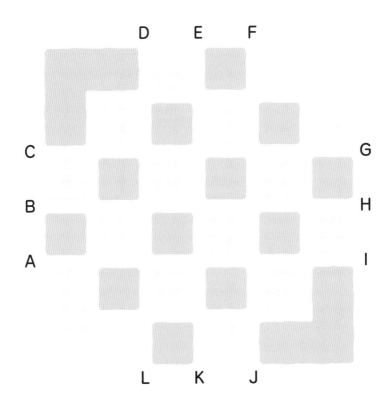

「要走到H並沒問題，但G就是一直走不到，真可惜！」
有些人反覆挑戰後可能會有這樣的感受吧？但很可惜的，從A
走進去，在十字路口絕不能直走的話，保證沒辦法從G離開。
這是為什麼呢？

　　為了解開這個謎題，請想像你自己走在這個城鎮裡。

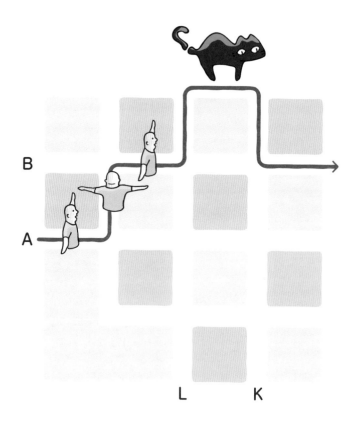

　　首先，請你張開雙手，從 A 進入城鎮吧。這時你的右手會碰到綠色區域，左手會碰到橘色區域。再往前走，會碰到第一個十字路口。

　　如果你違反規則，在十字路口直走的話，通過十字路口時你的右手會碰到橘色區域，左手會碰到綠色區域；但如果你遵守規定左轉或右轉的話，兩手所碰到的區域顏色就不會改變。

　　如果你如左頁圖所示般，在這個十字路口左轉的話，左手碰的是原本所碰的區域，右手則會碰到另一個區域，但是這個

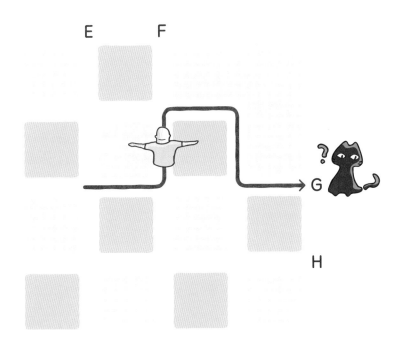

區域的顏色跟原本所碰的區域一樣是綠色的。相反地，你如果右轉的話，左手會碰到另一個區域，但這個區域也是橘色的，而右手碰到的則是原來的綠色區域。

到了下一個十字路口的狀況也一樣，如果直走的話，兩隻手所碰到的區域顏色就會改變；但如果左轉或右轉的話，左手還是一樣會碰到橘色區域，右手還是會碰到綠色區域。如果你遵守十字路口不可直走的規定，這個法則就會一直保持下去。

也就是說，無論你走哪一條道路，你都只能通過左側為橘色區域、右側為綠色區域的地方。雖然道路中沒有單行道的標誌，但只要遵守規定，每條道路實際上都是單行道。

根據以上所述，我們來看看能到達G的道路。如果你要通過這些道路到達G的話，就必須如上一頁的圖一般前進才行。但是若從這條路線走到G，左側都會是綠色區域，而右側都會是橘色區域。這就不對了，與上述「左側永遠為橘色、右側永遠為綠色」的法則矛盾。因此，要從G離開是不可能的。

第 **6** 章

隱藏在生活裡
的數學

為什麼小小的鍋子裡
會有隻貓躲在裡面呢？

前面幾章介紹的問題雖然都很有趣，但應該有不少人會覺得它們在實際生活並沒什麼用處吧。然而，當你看過這些問題的解法之後，帶著數學感去觀察四周，將能發現你過去所不知道的驚奇唷。

　　本章就為大家介紹一些隱藏在日常生活裡的數學，有些是你能在周遭事物中發現的趣味，有些則是從這些發現發展出來的、能讓你動動腦的話題。

牛奶盒的謎題

　　我們來量量 1000 ml 牛奶盒的尺寸大小吧。它的底部是 7 cm×7 cm的正方形，所以面積就是 7×7＝49 cm²。高度是 19.5 cm。由於體積公式是底×高，牛奶盒的容積就是：

$$49 \times 19.5 = 955.5 \, (\text{ml})$$

咦？它標示是 1000 ml，實際內容量卻不到 1000 ml，這是怎麼一回事？

「一定有些牛奶跑到那個像三角屋頂的部分裡了！」

可能有很多人會這麼認為吧？但實際上並非如此。其實就算把這個部分加進去，總容量也不到 1000 ml。重點是，如果把牛奶灌得這麼滿，你一開盒子，牛奶不就灑出來了嗎？

要是你去買盒牛奶，打開開口看看裡面，會發現牛奶表面的位置很低，這到底是怎麼一回事呢？難道說標示為 1000 ml，實際上牛奶並沒有裝到 1000 ml 嗎？

　　不是這樣的。若你把牛奶盒中的牛奶倒出來量一量，會發現確實有 1000 ml 這麼多。

　　這樣看來這道謎題好像越來越深奧了，但其實你只要仔細觀察一下牛奶盒就能明白。裝滿牛奶的盒子是不是有些膨脹呢？這也就表示，牛奶盒子並不是由直挺挺的長方形所圍出來的立方體，它的形狀會稍微有點往兩側膨脹。由於這個膨脹部分也會有牛奶存在，因此，盒子裝填的牛奶會比單純由乘法算出來的值更多一點。

　　我們打個比方，請想像用一條長度為 7×4＝28 cm 的帶子所圍出來的正方形吧。這個範圍就相當於牛奶盒的中央部分，正方形所圍出來的區域面積是未膨脹牛奶盒的橫斷面面積。若

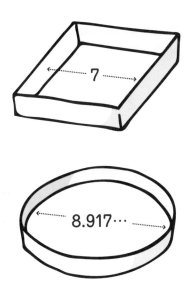

我們讓盒子膨脹的話，這個區域就會慢慢變圓。而當整個橫斷面最接近圓形時，其所圍的面積就會是最大值。

我們來具體求一下這個區域的面積吧。原本的正方形邊長為 7 cm，所以面積為 7×7 = 49 cm²。另一方面，由於：

$$圓周長 = 直徑 \times 圓周率$$

這個圓的直徑就是 28 / π = 8.917……。半徑為這個數值的一半，也就是 14 / π，因此，這個圓的面積就是：

$$半徑 \times 半徑 \times 圓周率 = \left(\frac{14}{\pi}\right)^2 \times \pi = \frac{14^2}{\pi}$$

我們將圓面積除以正方形的面積，就得到：

$$\frac{14^2}{\pi} \div 7^2 = \frac{2^2}{\pi} = \frac{4}{3.14\cdots} = 1.27\cdots$$

也就是說，將正方形變成圓形後，面積會多出 1.3 倍左右，這個量還挺大的呢。

當然，雖然說牛奶盒會膨脹，但橫斷面的正方形也不會膨脹到變成圓形，尤其是最上方與最下方，都還會維持著正方形的型態。但是，只要能增加 5%，容量就會超過 1000 ml 了：

$$955.5 \times 1.05 = 1003.275$$

這樣看起來，第一個預估到膨脹會造成容量增加而設計出牛奶盒尺寸的人，實在很值得我們尊敬呢。

那麼，如果我們做一個一開始橫斷面就是圓形的牛奶盒，那麼容量又會是多少？由於它已經沒有膨脹的餘地了，因此容量應當會與計算出來的結果相同。

對於形狀與體積的關係，你是否已經有點概念了呢？

影印紙的絕妙關係

　　大家都會使用的影印紙，共有A4、A3、B4與B5等尺寸。將 A3 紙對摺就會得到 A4 紙，而 B5 的大小也是 B4 的一半。A 類型紙與 B 類型紙各自的關係是我們都熟知的，但 A 與 B 之間究竟有什關係呢？如果你準備 A4 與 B4 的影印紙，比較它們每個部分的長度的話，會發現一件很有趣的事唷。

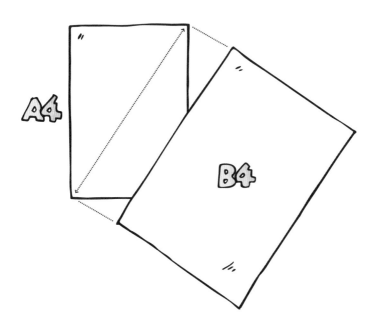

　　將兩種紙如上圖般重疊，A4 的對角線與 B4 的長邊會剛好一樣長。這是為什麼呢？

　　為了等一下能夠解開這個謎題，我得先為大家說明一下影印紙尺寸的稱呼法。「全開」是指最大的尺寸，也就是 A0 與 B0，兩者的長寬如下一頁的表格所示，單位是 mm。這些尺寸的值看來真是毫無邏輯呢。

A0	841×1189
A1	594×841
A2	420×594
A3	297×420
A4	210×297
A5	148×210

B0	1030×1456
B1	728×1030
B2	515×728
B3	364×515
B4	257×364
B5	182×257

實際上，這套尺寸可是有著深奧的意涵喔，比方說，若計算 A0 的面積就會得到：

$$841 \times 1189 = 999949$$

$$\fallingdotseq 1000 \times 1000$$

也就是說，A0 的面積差不多是 $1m^2$，B0 則被設定為 A0 的 1.5 倍。另外，無論是哪一種尺寸，其寬度與長度的比例都是 $1 : \sqrt{2}$。因此，只要將其中一種尺寸分成一半，就可以得到下一種尺寸的紙張。

比方說，如果我們將 A4 的寬度設為 1，長度就是 $\sqrt{2}$。而它的一半就是 A5，其寬度（較短的邊長）為 $\sqrt{2}/2$，長度為 1。A5 長跟寬的比例則如下一頁所示，又會是 $1 : \sqrt{2}$。

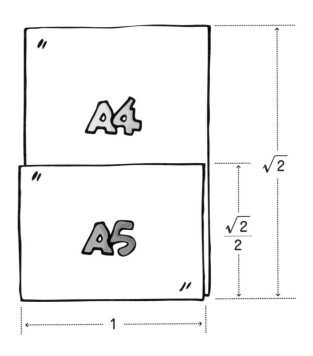

$$\frac{\sqrt{2}}{2} : 1 = \frac{\sqrt{2}}{2} \times \sqrt{2} : 1 \times \sqrt{2}$$

$$= \frac{2}{2} : \sqrt{2}$$

$$= 1 : \sqrt{2}$$

現在，我們來算一算A4紙的對角線長度吧。以長為1、寬為 $\sqrt{2}$ 來計算的話，根據畢氏定理，對角線的長度平方為：

$$1^2 + \left(\sqrt{2}\right)^2 = 1 + 2 = 3$$

因此，對角線的長度就為 $\sqrt{3}$。

另一方面，B4 紙的面積被設定為 A4 紙的 1.5 倍。也就是說，它的邊長應該為 $\sqrt{1.5}$ 倍才對。所以 B4 紙的長度為：

$$\sqrt{2} \times \sqrt{1.5} = \sqrt{2} \times \sqrt{\frac{3}{2}} = \sqrt{3}$$

結果會與 A4 紙的對角線長度相等。因此，B4 紙的長度就會與 A4 紙的對角線長相等。

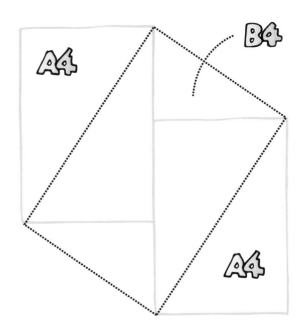

　　另外，如果像上圖那樣將 A4 與 B4 組合在一起的話，就可以看出 B4 的面積確實為 A4 面積的 1.5 倍。也就是說，如果將 A4 與 A5 各自沿對角線分成一半，再組合起來，就可以組合出 B4 囉。

名片中暗藏的黃金比例

名片與影印紙不同，其長寬比是個很奇妙的數值：

$$1 : \frac{1+\sqrt{5}}{2} = 1 : 1.61803\cdots$$

人們稱這個比例為黃金比例，自古以來就被當作完美平衡的比例，在所有美麗的物體上都可以見到。那麼，將名片的長寬比設定為黃金比例，究竟有哪些好處呢？

橫濱國立大學教授／理學博士
根上生也

第 3 題　　　　　　　　提　示

在此，我們把名片較短的邊稱為寬、較長的邊稱為長吧，實際測量一下名片的邊長，寬度為 5.5 cm、長度為 9.1 cm。它們的比例確實與黃金比例相當接近。

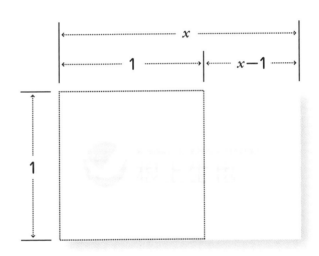

事實上，一個長方形的長寬比如果是黃金比例的話，在這長方形上以寬度為邊長切出一個正方形時，剩餘的部分也會是一個符合黃金比例的長方形，這是它的特性。當然，剩餘的部分是呈 90 度旋轉，長與寬是相反的狀態。

現在我們將寬度設為 1、長度設為 x。切除邊長為 1 的正方形後，剩餘的長方形寬度就是 $x-1$、長為 1。這也就表示，

根據具有黃金比例的長方形的特性，以下的關係式將會成立：

$$1 : x = x - 1 : 1$$

運用比例式中等號兩邊內側相乘與外側相乘會相等的性質，可以將方程式改寫如下：

$$x(x-1) = 1$$

若將式子左邊展開並將 1 移項的話，就可以得到一個一般型態的二次方程式：

$$x^2 - x - 1 = 0$$

再運用二次方程式的求解公式，可求出 x 為：

$$x = \frac{1 \pm \sqrt{5}}{2}$$

若為「－」的時候 x 為負值，「＋」的時候才是我們要的答案。

　　讓我們利用設計成黃金比例的名片來做些勞作吧。首先請你準備 3 張名片，然後將每張名片如下圖般沿著虛線剪開，再花點工夫組合起來，就會變成下一頁的圖所示的立體形狀。至於要怎麼組合起來，請你實際做做看就會發現囉。

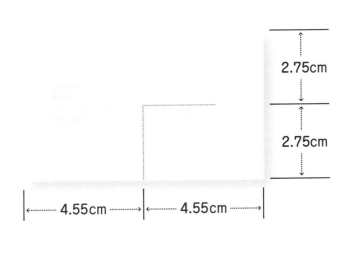

縱向與橫向的虛線切口長度都是 2.75cm 喔。

什麼都學博士！

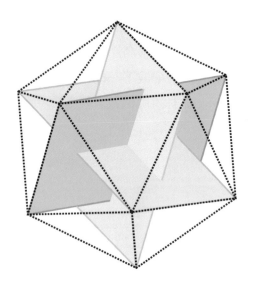

　　如果只是要做出如上圖般由三個平面交疊而成的形狀，任何長方形都可以辦到。但由於名片呈黃金比例的關係，各名片的角（共有 4×3 ＝ 12 個）會剛好位在正二十面體的頂點。

500ml 的罐裝啤酒

　　這裡有罐 500 ml 的罐裝啤酒。這個罐子的高度與周長何者較長呢？

　　如果分別量一量這兩個長度，當然馬上就能知道答案。但在交際飲酒的場合拿著測量工具也不太對勁吧？其實有個不需要測量工具就可以馬上知道答案的方法，你知道是什麼方法嗎？

答案正如你所看到的，啤酒罐的周長比高度還長。為什麼呢？也許你早就已經明白了，但考量到可能有人並不明白，我們還是再說明一下吧。

首先，我們把 3 個罐子橫躺著並排，組合後寬度就是直徑的 3 倍，這時請各位回憶一下這個公式：

$$圓周長 = 直徑 \times 圓周率$$

圓周率的值是 3.14159……，大約等於 3。這也就表示，3 罐啤酒罐並排後的寬度（3×直徑）大約等於罐子的周長（≒直徑×3）長。再將另一個罐子橫擺在上面，就可以直接比較罐子的高度與周長了。

立方體日曆

　　你是否曾看過用 2 個並排的立方體來顯示日期的日曆呢？每個立方體的 6 個面都分別寫著 1 個一位數數字，將 2 個數字組合起來就可以產生出從 1 到 31 的數字，也就可以表示所有日期了。當日期是一位數時，十位數就設定為 0。

　　那麼，每個立方體到底各須刻上哪些數字呢？請把它當作益智遊戲來解解看。你會發現某個奇怪的現象唷。

首先，因為會有 11 號與 22 號，所以，兩個立方體都必須都有 1 與 2 才行。每個立方體有 6 個面，因此，除了 1 與 2 以外還可以刻上其他 4 個數字。另一方面，除了 1 與 2 之外的一位數數字有 3、4、5、6、7、8、9、0，一共 8 個，這表示兩個立方體必須分別刻上這 8 個數字中的 4 個數字才行。

　　我們先假設它們分別刻上 3、4、5、6 與 7、8、9、0，這樣的話，就沒辦法表示出 07、08、09 了。就算改成其他的分配法，但任何數字只要與 0 放在同一個立方體，就沒辦法顯示需要使用到它的一位數日期了。這樣看來似乎沒辦法達到目的了呀。

01	02	03	04	05	06	07
08	09	10	11	12	13	14
15	16	17	18	20	21	22
23	24	25	26	27	28	29
30	31					

但是，市面上確實可以找到立方體日曆的商品。那麼以上問題到底是怎麼解決的？

實際上，解開這道謎題的關鍵，就在於我們所使用的數字的形狀，那就是 6 與 9。只要將 6 上下顛倒，就會變成 9。也就是說，將 6 當作 9 的替代品，就能在 2 個立方體上都刻上 0

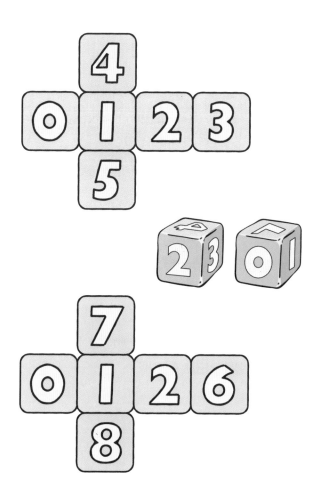

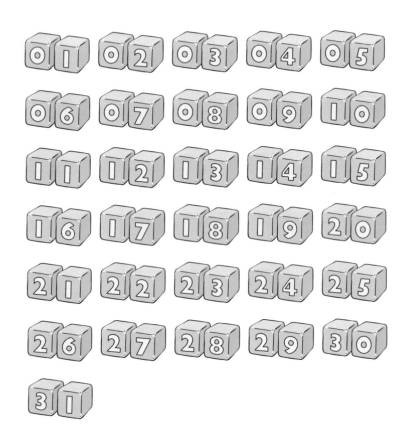

了。我們可以利用上一頁的方式刻上數字，你可以參考上圖，
驗證一下是否可以顯示出所有日期。

觸控式螢幕的祕密

　　近年來大車站的車票販賣機幾乎都是採用觸控式螢幕。也就是說，只要碰觸畫面上的按鈕，就可以買到你想要的車票。但實際上，並不是真的有個按鈕讓你按下去。有個辦法，可以讓你不須按下按鈕也可以買到車票。是什麼樣的方法呢？

假設你想買 240 元的車票，你可以如下圖般用指頭同時碰觸這個按鈕的正下方與正左方，正好與你原本要點的按鈕所在的 x 座標與 y 座標相同。這時，你沒碰到的按鈕會閃爍一下，車票就跑出來了。當然這是指已經投幣的狀況。但是，為什麼能夠這樣做呢？

　　其實，觸控式螢幕分為兩種，一種是只有特定位置會感知觸控壓力的類型，另一種是任何位置都會感知的類型。車站的售票機按了按鈕之後，螢幕不會陷下去，所以看來不是前者。

　　第二種類型的原理是從觸控式螢幕中發出某種電波，來感知哪個部位的電波被遮蔽了，進而標定出按下的位置。也就是說，螢幕中有縱向射出的電波與橫向射出的電波，當你用指頭

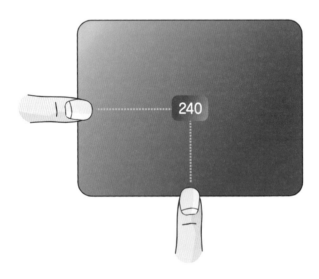

壓在畫面上時，就會遮到一部分的電波，這些電波便無法到達
螢幕邊框的另一邊。把縱向被遮蔽的電波刻度設為 x 座標、橫
向被遮蔽的電波刻度設為 y 座標，這樣就可以知道指頭按壓處
的座標（x, y）了。

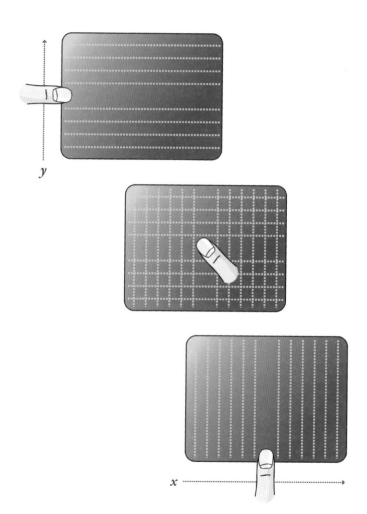

這也就表示，只要在電波應當被遮蔽的相同位置按下的話，就可以讓機器感知到相同座標。當然，1 隻指頭只能遮住目標按鈕的 1 個方向，因此必須使用 2 隻指頭。

　　了解觸控式螢幕的原理之後你就會知道，用力按下畫面上的按鈕一點意義也沒有。無論如何，請在你身後無人排隊時再試試這裡介紹的方法，因為螢幕挺精密敏感的，其實很容易失敗喔。

貓咪又不用搭電車。

衛星導航系統的原理

　　最近有很多汽車都裝上了衛星導航系統。它可以在地圖上顯示你的車子目前所在的位置，還可以告訴你前往目的地的路徑。究竟衛星導航系統是如何確定車子所在位置的呢？

事實上，為了標定出車子的所在位置，總共需要 4 顆衛星的運作。透過這 4 顆衛星發出的電波測定距離，才能夠標出車子的位置。

　　假設一個平面上有 2 座發射電波的基地台，而你開著車子在這平面上行走。車子中的導航系統可以利用從基地發射出來的電波，計算出從車子到基地的距離，地圖資料中也會同時正確紀錄下這兩個基地台的位置。

　　在這種情況下，該如何將車子的所在位置標定在地圖上

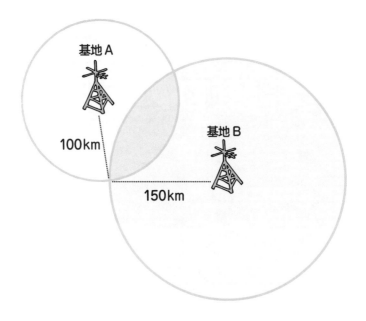

呢？假設你的車子所在地點距離基地 A 有 100 km，距離基地 B 有 150 km，同時你手邊有份紙張印刷的地圖，另外也準備了個圓規。

　　這時以縮小比例來思考，你將圓規打開相當於地圖上 100 km 的長度，以基地 A 為中心畫個圓。當然，也請你另外畫 1 個以基地 B 為中心、半徑 150 km 的圓。你會發現，這兩個圓會相交於 2 個點上。你的車子應該就在這兩個交會點中的其中一點上。

　　但是，光以現有的資訊，並無法判斷出車子究竟位在哪個交會點上，因此，你還需要另一個發出電波的基地 C 才行。如

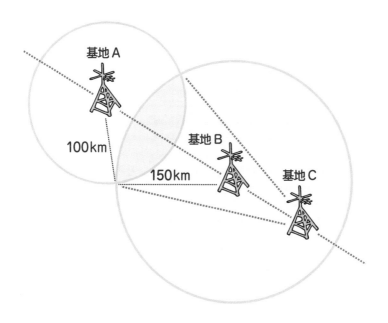

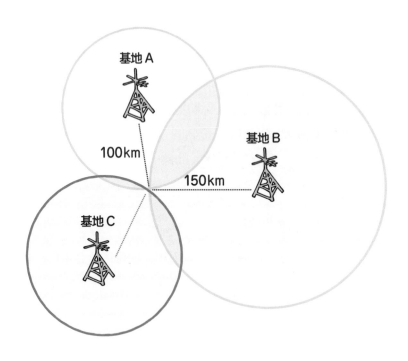

基地 A

100km

基地 B

150km

基地 C

　此一來，只要計算車子到這個基地台的距離，並以它為半徑再畫1個圓，應該就可以找出車子處於哪一點上了。

　話雖如此，但如果基地 C 與基地 A 及基地 B 剛好連成一直線時，這套方法就無效了。因為最開始所畫的2個圓的2個交點剛好與基地C等距，因此還是無法判斷出哪一個交會點才是對的。

　所以，基地 C 的位置不能與基地 A 及基地 B 連成直線，3個基地台必須形成三角形才行。

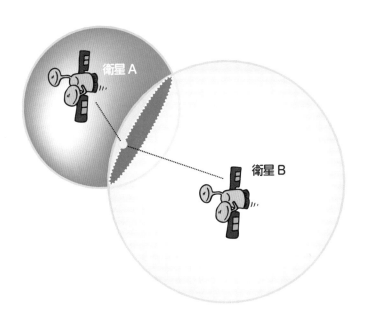

　　我們以三度空間來思考相同的情況。假設在太空中有 2 顆靜止的衛星 A 與衛星 B，我們同樣計算它們發射的電波到車子的距離，再根據這個計算結果以 2 顆衛星為中心畫出 2 個圓……不對！這次是在三度空間中，所以不能用圓而要用球體來思考。

　　以這兩個衛星為中心所畫出的球面，會在虛線所表示的圓周上交會。你的車子位置就是這圓周上無限多點之一。

因此，我們需要第三顆衛星C。我們必須計算衛星C與車子的距離，再以這個距離作為半徑、以衛星C為中心做1個球體。

這個球體與前面兩個球體所交會出的圓周，又會再交會在2個點上，如此一來，車子可能的所在位置就縮減到2個點了。

在此，我們還需要另一顆衛星D，依據從衛星D到車子的距離再畫1個球體，這時你的車子的所在位置才能真正確定。

當然，在衛星導航系統的儀器中並沒有真的畫一堆球體，而是使用方程式來表示。比方說，中心座標為（a, b, c）、半徑為 r 的球面方程式如下：

$$(x - a)^2 + (y - b)^2 + (z - c)^2 = r^2$$

也就是說，若衛星的座標為（a, b, c），衛星與車子的距離為 r，車子所在位置的座標（x, y, z）就會符合上述方程式的條件。

由於衛星共有4顆，因此方程式也會有4道。解開這4道方程式的聯立方程組，就可以求得車子所在位置的座標。

　　在實際運作上，還必須考慮電波在車子與衛星之間往返的時間，因此必須運用四度空間來思考這個問題。

　　衛星導航系統，除了具備這種 GPS 定位功能以外，還具有種種運用數學才能實現的功能，例如：找出到達目的地的最佳路徑的功能、使用電腦繪圖技術（CG 技術）將街道立體化的顯示功能等等。

有我就搞定了！

信用卡的會員號碼

　　信用卡的正面都會刻著 16 位數字，那是持卡人的會員號碼。如果你在網路購物時，將這個會員號碼打錯 1 個數字的話會怎麼樣呢？

　　會不會變成某個陌生人買了你的東西呢？

第 8 題 提　示

　　當然不會這樣啦，因為世上根本不會有人的會員號碼與你的會員號碼只相差 1 位數。信用卡就是這樣設計的。

　　事實上，輸入號碼是否正確，要靠下面所介紹的演算法（稱為 LUHN 演算法）來判斷。

STEP 1 從個位數算起的奇數位數字保持原形，偶數位數字變 2 倍

STEP 2 如果偶數位數字乘以 2 倍後超過 10，就把這個兩位數的每一位數當成獨立的個位數，並將它們相加

STEP 3 將以上所得到的數字全部加起來

STEP 4 總值如果能被 10 除盡，就判斷為「正確」，否則就為「錯誤」

為了計算方便，我們先將會員號碼簡化成 4 位數吧。比方說，

輸入編號 $\boxed{3}\boxed{5}\boxed{7}\boxed{4}$ 的話……

演算法執行起來會如右頁所示，最後判斷這個號碼是正確的會員號碼。

請試試看，將這個號碼的任一位數改成其他數字，再套進這個演算法之中，無論你換成什麼數字，步驟 4 算出的總和必定是個不能被 10 除盡的數字，也就是說，其個位數不能是 0 這個數字。

會員號碼為 16 位數時的情況也是一樣。因此，即使你在輸入會員號碼時打錯 1 位數，電腦也會馬上判斷出這個號碼是錯誤的，而請你再輸入一次。

所以，隨便輸入是沒有用的喔。

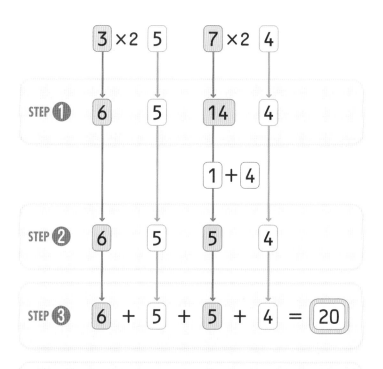

能夠檢查出輸入號碼錯誤的關鍵，在於步驟 1 與步驟 2 中每一位數的數字變換，其運作方式請見下一頁的圖。

$$0 \times 2 \longrightarrow 0 \qquad 5 \times 2 \longrightarrow 10 \cdots 1+0 \longrightarrow 1$$

$$1 \times 2 \longrightarrow 2 \qquad 6 \times 2 \longrightarrow 12 \cdots 1+2 \longrightarrow 3$$

$$2 \times 2 \longrightarrow 4 \qquad 7 \times 2 \longrightarrow 14 \cdots 1+4 \longrightarrow 5$$

$$3 \times 2 \longrightarrow 6 \qquad 8 \times 2 \longrightarrow 16 \cdots 1+6 \longrightarrow 7$$

$$4 \times 2 \longrightarrow 8 \qquad 9 \times 2 \longrightarrow 18 \cdots 1+8 \longrightarrow 9$$

　　也就是說，從 0 到 9 的 10 個數字經過變換後，會對應到這十個數字中的另一個數字。因此，當輸入號碼中有 1 個位數打錯時，在步驟 3 中相加起來的數字也只有 1 個會不同。由於只有 1 個位數的數字換成另一個位數的數字，因此相加結果的變化範圍就會在 1 到 9 之間。

　　這也就表示，若原本個位數是 0，輸入號碼時若有某一位數輸錯了，個位數就會變成 1 到 9 之間的某個數字。因此，在步驟 4 時就會將這個號碼判斷為「錯誤」。

人行道的地磚

　　街道上的人行道地磚有各式各樣的形狀，但基本上還是以正方形及長方形為主。在以下形狀中，有哪些可以拿來作為地磚使用？請注意，每一種地磚都不可以翻面使用。

烏賊形

一般的四角形

回力鏢形

事實上，每一種形狀都可以拿來作為地磚舖滿人行道。我
們先不作解釋，直接來看每一種地磚舖起來的樣子吧。

　　首先是烏賊形，它的排列方式很簡單。當然，它們並不是
全都以同方向並排的。只要將它做 180 度翻轉交錯排列，就可

以整齊地舖滿人行道。

　　再來是一般的四角形，很像數學老師在解說證明題時會在黑板上畫的形狀。有些人或許已經發現這種地磚該怎麼舖了，只是有點不太確定。但其實它和烏賊形一樣，只要做 180 度翻轉交錯排列，就可以如下圖般舖滿地面。

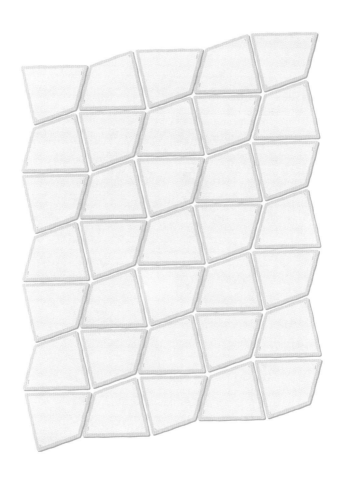

最後是回力鏢形。它雖然也算是一種四角形，但不是凸型的。它的尖角也比較多，內角還超過 180 度，因此應該有許多人會覺得它不可能拿來舖地面吧。但實際上，它能以下圖所示的方式舖滿地面。我們把 1 塊回力鏢形地磚沿對角線分成 2 種顏色，這樣來看就知道，它基本上可以當作平行四邊形的地磚來舖設。

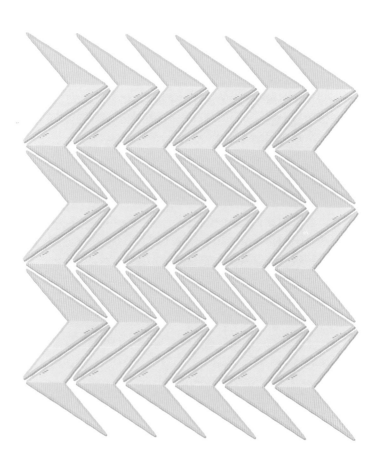

雞尾酒酒杯

　　終於是最後一題了，前面做過的所有題目想必已經讓你絞盡腦汁了吧？為了舒緩你的疲勞，我們準備了特製飲品。等你選好杯子，我們就把它倒滿。

　　你打算選哪一個杯子呢？

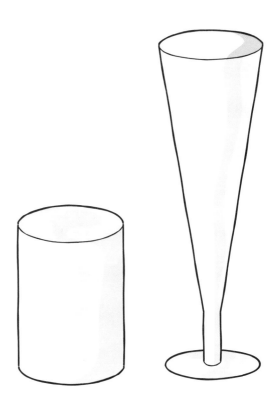

你當然會希望盡量多喝點我的特調飲料囉。如果像右頁那樣將 3 種玻璃杯並排的話，你可能不會選擇最左邊最矮的那個杯子吧？理由應該是因為這個玻璃杯的容量最小。

　　在此，請各位回想一下求圓柱體積與圓錐體積的方法：

$$圓柱體積 = 底面積 \times 高$$
$$圓錐體積 = 底面積 \times 高 \times \frac{1}{3}$$

　　也就是說，圓錐的體積，會等於底面積相同、高只有 1/3 的圓柱體積。

　　也就是說，最右邊那個像倒圓錐形的玻璃杯，與最左邊、高度為 1/3 的圓柱形玻璃杯容量相同。因此，容量最大的其實是中間那個比左邊高的玻璃杯。所以在上一頁的問題中，你應該要選左邊的玻璃杯。

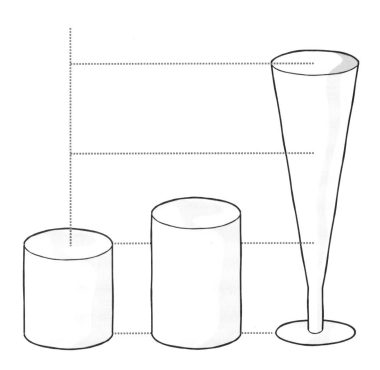

　　這樣想想，圓錐形的玻璃杯盛著雞尾酒雖然看來高雅，但其實可能有點吃虧呢。感謝你讀到這裡。辛苦了。

如果不知道
可能就虧大了。

《參考文獻》

　　讀完本書而對數學產生興趣的人，可以再閱讀其他的數學書籍。為了大家的方便，我推薦以下書籍：

●想了解本書的基本概念可以看：

『基礎数学力トレーニング
　—Nの数学プロジェクト』
根上生也、中本敦浩 著
（日本評論社、2003年10月）

『数学探偵セイヤ』
根上生也 著
（扶桑社、2005年7月）

『計算しない数学
　—見えない"答え"が見えてくる』
根上生也 著
（青春出版社、2007年3月）

●想看數學的有趣故事可以看：

『壮快！2^{100}三話』
根上生也 著（遊星社、1996年10月）

『数の本』
J.H.コンウェイ、R.K.ガイ 著、根上生也 訳
（シュプリンガー・フェアラーク東京、2001年12月）

要好好唸書喔，
它會讓你更聰明。

●想知道令人感動的精闢解法與證明可以看：

『数学のひろば―柔らかい思考を　D.フォミーン、S.ゲンジン、I.イテンベルク 著、志賀浩二、田中紀子 訳
育てる問題集（1）、（2）』　（岩波書店、1998年2月）

『数学のひろば　―1年目、2年目の　志賀浩二、増田一男 著
問題解答（別冊）』　（岩波書店、1998年7月）

『エレガントな解答をもとむselections』　数学セミナー編集部 編
（日本評論社、2001年6月）

『天書の証明』　M.アイグナー、G.M.ツィーグラー 著、蟹江幸博 訳
（シュプリンガー・フェアラーク東京、2002年12月）

●想知道日常生活或文化中所隱藏的數學可以看：

『雪月花の数学　―日本の美と心に潜む　桜井進 著
正方形と $\sqrt{2}$ の秘密』　（祥伝社、2006年7月）

『感動する！数学』　桜井進 著
（海竜社、2006年9月）

索　引

國家圖書館出版品預行編目資料

3 小時讀通基礎數學 / 根上生也著 ; 謝仲其譯.
-- 初版. -- 新北市 : 世茂出版有限公司, 2021.07
　面 ; 公分. -- (科學視界 ; 254)
　譯自 : 人に教えたくなる数学 : パズルを解く
よりおもしろい
　ISBN 978-986-5408-53-4 (平裝)

1. 數學

310　　　　　　　　　　　　110005064

科學視界 254

3 小時讀通基礎數學

作　　者／根上生也
譯　　者／謝仲其
主　　編／楊鈺儀
責任編輯／謝佩親
出 版 者／世茂出版有限公司
地　　址／新北市新店區民生路 19 號 5 樓
電　　話／（02）2218-3277
傳　　真／（02）2218-3239（訂書專線）
劃撥帳號／19911841
戶　　名／世茂出版有限公司　單次郵購總金額未滿 500 元（含），請加 60 元掛號費
酷 書 網／ www.coolbooks.com.tw
排版製版／辰皓國際出版製作有限公司
印　　刷／凌祥彩色印刷股份有限公司
初版一刷／2021 年 7 月

定　　價／320 元
I S B N ／ 978-986-5408-53-4

Hito ni Oshietakunaru Sugaku
Copyright © 2007 by Seiya Negami
Chinese translation rights in complex characters arranged with Softbank Creative Corp., Tokyo
through Japan UNI Agency, Inc., Tokyo and Future View Technology Ltd., Taipei

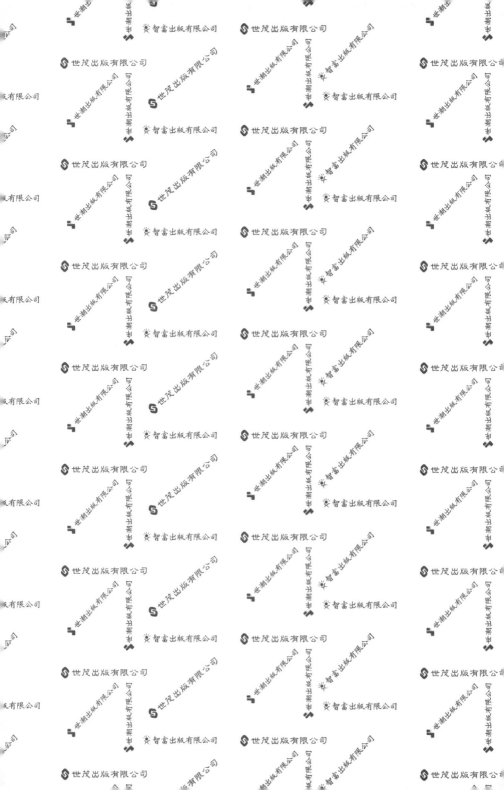

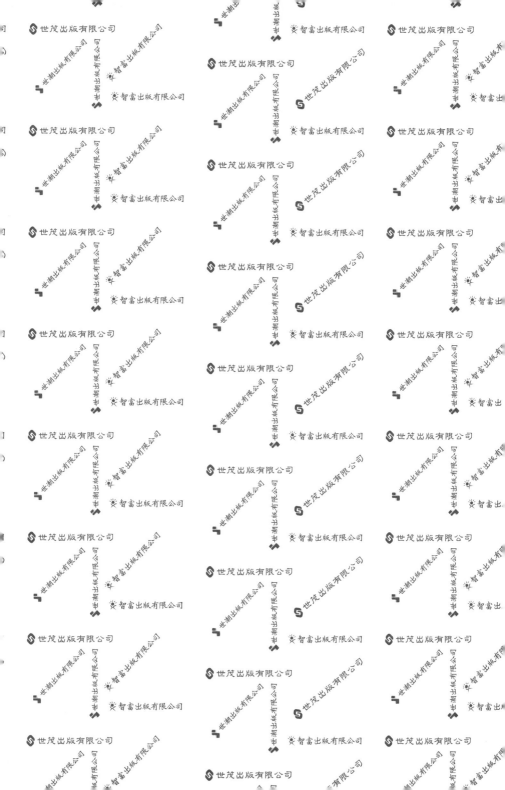